高职高专电子信息类系列教材

基于任务驱动模式的 JavaScript 程序设计案例教程

主 编　刘　群　董海峰　郑治武
副主编　左国才　左向荣　王鹏举　周海珍
主 审　王　雷　符开耀

西安电子科技大学出版社

内 容 简 介

本书采用模块化的编写思路，以基础知识教学与综合案例训练的方式对 JavaScript 脚本语言予以介绍。主要内容包括 JavaScript 入门、JavaScript 语言基础、JavaScript 事件处理、文档对象模型(DOM)、JavaScript 核心对象、Window 及相关顶级对象、表单操作以及 JavaScript 综合应用实例。特别地，本书将 HTML、CSS 与 JavaScript 这三项脚本编程技术进行了综合运用。

本书可以作为高等职业院校软件技术及信息系统管理专业学生的教材，也可以作为相关领域实际工作者的培训教材使用。

图书在版编目(CIP)数据

基于任务驱动模式的 JavaScript 程序设计案例教程/刘群，董海峰，郑治武主编.
—西安：西安电子科技大学出版社，2015.2(2021.6 重印)
ISBN 978–7–5606–3636–8

Ⅰ.① 基⋯　Ⅱ.① 刘⋯　② 董⋯　③ 郑⋯　Ⅲ.① JAVA 语言—程序设计—高等职业教育—教材　Ⅳ.① TP312

中国版本图书馆 CIP 数据核字(2015)第 031194 号

策　　划　杨丕勇
责任编辑　杨丕勇　祝婷婷
出版发行　西安电子科技大学出版社（西安市太白南路 2 号）
电　　话　(029)88202421　88201467　　邮　编　710071
网　　址　www.xduph.com　　　　电子邮箱　xdupfxb001@163.com
经　　销　新华书店
印刷单位　陕西日报社
版　　次　2015 年 2 月第 1 版　2021 年 6 月第 6 次印刷
开　　本　787 毫米×1092 毫米　1/16　印张 12.5
字　　数　289 千字
印　　数　10 001～11 500 册
定　　价　32.00 元

ISBN 978 – 7 – 5606 – 3636 – 8/TP
XDUP 3928001-6

＊＊＊ 如有印装问题可调换 ＊＊＊

致　　谢

  本书的出版得到湖南省教育厅课题(No.13K041)(No.14C0617)(No.14C0618)，湖南省职业院校教育教学改革研究项目(ZJB2013045)，湖南软件职业学院院级质量工程项目(JY1302、KC1302、ZY1402、KC1401)，2014年度湖南普通高校青年骨干教师培养对象等部分资助。在本书的出版过程中，还得到了湖南软件职业学院领导，以及西安电子科技大学出版社的领导和专家们的大力支持与热心帮助，在此表示衷心感谢。

  另外，本书内容主要基于编者多年研究成果整理而成，由于编者水平有限，虽然几经修改，但书中仍然难免存在一些疏漏与不足之处，敬请读者、专家以及同行朋友们批评指正，在此先行表示感谢。

编　者

2014年9月

前　言

"JavaScript 程序设计"是高等职业教育计算机软件技术、信息系统管理等专业核心课程之一，是一门操作性和实践性都很强的课程。通过该课程的学习，学生可初步具备软件开发工程师岗位所需的各项职业能力。

本书教学内容采用模块化的编写思路，分为基础知识教学与综合案例训练两个环节。在基础知识教学环节采用示例演示的方式将理论具体化，然后通过上机练习分阶段完成实践，最后通过综合实例来系统地应用 JavaScript 技术。全书共分为 7 个教学模块和 1 个综合应用实例模块。教学模块包括：JavaScript 入门、JavaScript 语言基础、JavaScript 事件处理、文档对象模型(DOM)、JavaScript 核心对象、Window 及相关顶级对象、表单操作。综合应用案例模块包括：完成新用户注册页面、实现商品金额自动计算功能、实现商品数量增加和减少功能、实现删除商品功能。特别地，本书将 HTML、CSS 与 JavaScript 这三项脚本编程技术综合运用。

本书遵循程序员、软件设计师等岗位工作过程与能力培养的基本规律，考虑高职学生的学习习惯，以基础知识与实践案例整合学习内容、科学设计学习任务，采用递进和并列相结合的方式组织编写，强调理论与实践的一体化。本书图文并茂，结构清晰，表达流畅，内容丰富实用。

本书可以作为高等职业院校计算机软件技术及信息系统管理专业的教材，也可以作为培训机构教材。

编　者

2014 年 9 月

目 录

第1章 JavaScript 入门 1
1.1 概述 1
1.2 JavaScript 是什么 1
1.2.1 JavaScript 简史 1
1.2.2 JavaScript 有何特点 2
1.2.3 JavaScript 能做什么 2
1.3 JavaScript 编程起步 4
1.3.1 Hello World 程序 4
1.3.2 选择 JavaScript 脚本编辑器 5
1.3.3 引入脚本代码到 HTML 文档中 6
1.3.4 嵌入脚本代码的位置 8
1.4 JavaScript 实现基础 9
1.4.1 ECMAScript 10
1.4.2 DOM 10
1.4.3 BOM 10
1.5 编程准备 11
1.5.1 JavaScript 与 Java 11
1.5.2 脚本执行顺序 11
1.5.3 大小写敏感 11
1.5.4 语言注释语句 12
1.6 变量 12
1.6.1 变量标识符 12
1.6.2 变量声明 13
1.6.3 变量作用域 13
1.7 弱类型 13
1.8 基本数据类型 14
1.8.1 Number 型 15
1.8.2 String 型 15
1.8.3 Boolean 型 15
1.8.4 Undefined 型 16
1.8.5 Null 型 16
1.8.6 Function 型 16
上机 1 16
作业 1 17

第2章 JavaScript 语言基础 20
2.1 概述 20
2.2 运算符 20
2.2.1 赋值运算符 20
2.2.2 基本数学运算符 20
2.2.3 自加和自减 21
2.2.4 比较运算符 22
2.2.5 逻辑运算符 23
2.2.6 ?…: 运算符 24
2.2.7 typeof 运算符 25
2.3 核心语句 26
2.3.1 基本处理流程 26
2.3.2 if 条件假设语句 28
2.3.3 switch 流程控制语句 28
2.3.4 for 循环语句 30
2.3.5 while 和 do…while 循环语句 32
2.3.6 使用 break 和 continue 进行循坏控制 34
2.4 函数 35
2.4.1 函数的基本组成 35
2.4.2 全局函数 37
2.4.3 函数应用注意事项 38
上机 2 39
作业 2 40

第3章 JavaScript 事件处理 43
3.1 概述 43
3.2 什么是事件 43
3.3 HTML 文档事件 44
3.3.1 事件绑定 44
3.3.2 浏览器事件 45
3.3.3 HTML 元素事件 47
3.3.4 获得页面元素 50
3.4 JavaScript 如何处理事件 50

3.4.1 匿名函数 50	5.5 Array 对象 94
3.4.2 显式声明 51	5.5.1 数组中元素的顺序 95
3.4.3 手工触发 53	5.5.2 使用 splice()方法 97
3.5 事件处理器设置的灵活性 55	5.5.3 Array 对象转字符串 99
3.6 IE 中的 Event 对象 57	5.6 Date 对象 100
3.6.1 对象属性 57	5.6.1 生成日期对象实例 100
3.6.2 事件冒泡 59	5.6.2 获取和设置日期各字段 102
3.6.3 阻止事件冒泡 60	5.7 创建和使用自定义对象 103
上机 3 62	5.7.1 定义对象的构造函数 103
作业 3 63	5.7.2 对象直接初始化 106
	上机 5 107
第 4 章 文档对象模型(DOM) 66	作业 5 108
4.1 概述 66	
4.2 DOM 概述 66	第 6 章 Window 及相关顶级对象 111
4.2.1 IE 中的 DOM 实现 66	6.1 概述 111
4.2.2 W3C DOM 67	6.2 顶级对象模型参考 111
4.2.3 文档对象的产生过程 68	6.3 Window 对象 112
4.3 对象的属性和方法 68	6.3.1 交互式对话框 113
4.3.1 什么是节点 69	6.3.2 设定时间间隔 117
4.3.2 对象属性 70	6.3.3 时间超时控制 118
4.3.3 对象方法 73	6.3.4 创建和管理新窗口 119
4.4 节点处理方法 77	6.4 Screen 对象 120
4.4.1 插入和添加节点 78	6.5 History 对象 122
4.4.2 删除节点 80	6.5.1 back() 和 forward() 122
上机 4 82	6.5.2 go() 123
作业 4 83	6.6 Location 对象 123
	6.6.1 统一资源定位器(URL) 123
第 5 章 JavaScript 核心对象 86	6.6.2 Location 对象属性与方法 124
5.1 概述 86	6.6.3 页面跳转和刷新 124
5.2 JavaScript 核心对象 86	6.7 Document 对象 125
5.3 String 对象 87	上机 6 129
5.3.1 使用 String 对象方法操作字符串 ... 88	作业 6 131
5.3.2 获取目标字符串长度 89	
5.3.3 查找字符串 90	第 7 章 表单操作 134
5.3.4 截取字符串 90	7.1 概述 134
5.3.5 分隔字符串 91	7.2 表单操作 134
5.4 Math 对象 91	7.2.1 form 对象 134
5.4.1 基本数学运算 92	7.2.2 访问表单属性 134
5.4.2 生成随机数 92	7.2.3 form.elements[]属性 135

  7.2.4 表单方法 135
7.3 表单元素操作 136
  7.3.1 通用属性 136
  7.3.2 文本框 137
  7.3.3 复选框 137
  7.3.4 单选按钮 141
  7.3.5 下拉框对象 141
7.4 表单验证 144
7.5 正则表达式 155

上机 7 165
作业 7 166

第 8 章　JavaScript 综合应用实例 169

8.1 概述 169
8.2 完成新用户注册页面 169
8.3 实现商品金额自动计算功能 179
8.4 实现商品数量增加和减少功能 188
8.5 实现删除商品功能 189

第 1 章　JavaScript 入门

1.1　概　　述

　　JavaScript 是目前 Web 应用程序开发者使用最为广泛的客户端脚本编程语言，是一种直译式脚本语言，也是一种动态类型、弱类型、内置支持类型，基于原型的语言。它不仅可用来开发交互式的 Web 页面，更重要的是它将 HTML、XML 和 Java applet、Flash 等功能强大的 Web 对象有机结合起来，使开发人员能快捷生成 Internet 上使用的应用程序。另外，由于 Windows 为其提供了最为完善的支持以及二次开发的接口来访问操作系统各组件并实施相应的管理功能，因此，JavaScript 成为继.bat(批处理文件)以来又一 Windows 系统里使用最为广泛的脚本语言。

1.2　JavaScript 是什么

　　应用程序开发者在学习一门新语言之前，兴趣肯定聚焦在诸如"它是什么?"、"它能做什么?"等问题，而不是"如何开发?"等问题上面。因此，学习 JavaScript 脚本之前，先来了解一下 JavaScript 是什么。

1.2.1　JavaScript 简史

　　在 20 世纪 90 年代，也就是早期的 Web 站点上，所有的网页内容都是静态的。所谓静态，是指除了点击超链接，无法通过任何方式同页面进行交互，比如让页面元素接受事件、修改字体等。人们迫切地需要一种方式来打破这个局限，在 1996 年，网景(Netscape)公司开始研发一种新的语言 Mocha，并将其嵌入到自己的浏览器 Netscape 中。这种语言可以通过操纵 DOM(Document Object Model，文档对象模型)来修改页面，并加入了对鼠标事件的支持。Mocha 使用了 C 语言的语法，但是设计思想主要是从函数式语言 Scheme 那里取得灵感的。当 Netscape 2 发布的时候，Mocha 被改名为 LiveScript，当时可能是想让 LiveScript 为 Web 页面注入更多的活力。后来，考虑到这个脚本语言的推广，网景采取了一种宣传策略，将 LiveScript 更名为 JavaScript，目的是使人们将其与当时非常流行的面向对象语言 Java 产生联想。这种策略显然颇具成效，以至于到现在很多初学者还会为 JavaScript 和 Java 的关系感到困惑。

　　JavaScript 取得成功之后，确实为页面注入了活力，微软也紧接着开发自己的浏览器脚本语言，一个是基于 BASIC 语言的 VBScript，另一个是跟 JavaScript 非常类似的 JScript，但是由于 JavaScript 已经深入人心，所以在随后的版本中，微软的 IE 几乎是将 JavaScript 作为一个标准来实现的。当然，两者仍然有不兼容的地方。1996 年后期，网景向欧洲电脑厂商协会(ECMA)提交了 JavaScript 的设计，以申请标准化。ECMA 去掉了其中的一些实现，并提出了 ECMA Script-262 标准，并确定 JavaScript 的正式名字。目前 JavaScript 的最新版本为 1.9 版。

1.2.2 JavaScript 有何特点

JavaScript 是一种基于对象和事件驱动并且具有相对安全性的客户端脚本语言，主要用于创建交互性较强的动态页面。它主要具有如下特点：

基于对象：JavaScript 是基于对象的脚本编程语言，能通过 DOM(文档对象模型)及自身提供的对象及操作方法来实现所需的功能。

事件驱动：JavaScript 采用事件驱动方式，能响应键盘事件、鼠标事件及浏览器窗口事件等，并执行指定的操作。

解释性语言：JavaScript 是一种解释性脚本语言，无需专门编译器编译，而是在嵌入 JavaScript 脚本的 HTML 文档载入时被浏览器逐行地解释，大量节省客户端与服务器端进行数据交互的时间。

实时性：JavaScript 事件处理是实时的，无须经服务器就可以直接对客户端的事件做出响应，并用处理结果实时更新目标页面。

动态性：JavaScript 提供简单高效的语言流程，能够灵活处理对象的各种方法和属性，同时及时响应文档页面事件，实现页面的交互性和动态性。

跨平台：JavaScript 脚本的正确运行依赖于浏览器，而与具体的操作系统无关。只要客户端装有支持 JavaScript 脚本的浏览器，JavaScript 脚本运行结果就能正确反映在客户端浏览器平台上。

开发使用简单：JavaScript 基本结构类似于 C 语言，采用小程序段的方式编程，通过简易的开发平台和便捷的开发流程，就可以嵌入到 HTML 文档中供浏览器解释执行。同时 JavaScript 的变量类型是弱类型，使用不严格。

相对安全性：JavaScript 是客户端脚本，通过浏览器解释执行。它不允许访问本地的硬盘，不能将数据存入到服务器上，不允许对网络文档进行修改和删除，只能通过浏览器实现信息浏览或动态交互，从而能够有效地防止数据丢失。

综上所述，JavaScript 是一种有较强生命力和发展潜力的脚本描述语言，它可以直接嵌入到 HTML 文档中，供浏览器解释执行，直接响应客户端事件如验证数据表单合法性，并调用相应的处理方法，迅速返回处理结果并更新页面，实现 Web 交互性和动态性的要求，同时将大部分的工作交给客户端处理，将 Web 服务器的资源消耗降到最低。

1.2.3 JavaScript 能做什么

JavaScript 脚本语言由于其效率高、功能强大等特点，在表单数据合法性验证、网页特效、交互式菜单、动态页面、数值计算等方面获得广泛的应用，甚至出现了完全使用 JavaScript 编写的基于 Web 浏览器的类 Unix 操作系统 JS/UIX 和无需安装即可使用的中文输入法程序 JustInput，可见 JavaScript 脚本编程能力不容小觑。下面仅介绍 JavaScript 的常用功能。

1. 表单数据合法性验证

使用 JavaScript 脚本语言能有效验证客户端提交的表单上数据的合法性，若数据合法则执行下一步操作，否则返回错误提示信息，如图 1-1 所示。

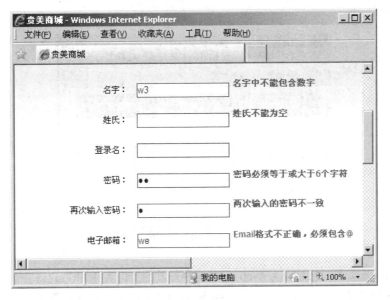

图 1-1

2. 网页特效

使用 JavaScript 脚本语言，结合 DOM 和 CSS 能创建绚丽多彩的网页特效，如火焰状闪烁文字、文字环绕光标旋转、随鼠标滚动的广告图片等。随鼠标滚动的广告图片效果如图 1-2 所示。

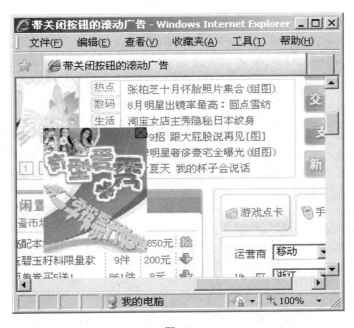

图 1-2

3. 交互式操作

使用 JavaScript 脚本语言可以创建具有动态效果的交互式菜单，完全可以与 Falsh 制作的页面导航菜单相媲美。如图 1-3 所示，鼠标在文档内任何位置单击，在其周围出现如图 1-3 所示的导航菜单。

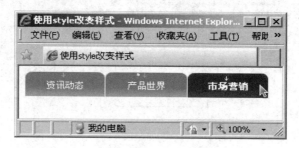

图 1-3

1.3 JavaScript 编程起步

JavaScript 脚本语言已经成为 Web 应用程序开发的一门炙手可热的语言，成为客户端脚本的首选。网络上充斥着形态各异的能够实现不同功能的 JavaScript 脚本，但用户也许并不了解 JavaScript 脚本是如何被浏览器解释执行的，更不知如何开始编写自己的 JavaScript 脚本来实现自己想要的效果。现在我们将一步步带领大家踏入 JavaScript 脚本语言编程的大门。

1.3.1 Hello World 程序

像学习 C、Java 等语言一样，先来看看使用 JavaScript 脚本语言编写的"Hello World!"程序：

```
<!DOCTYPE HTML PUBLIC "-//W3C//DTD HTML 4.0//EN"
"http://www.w3.org/TR/REC-html140/strict.dtd">
<html>
  <head>
      <title>Sample Page!</title>
  </head>
<body>
<br>
<center>
    <script language="javascript" type="text/javascript">
        document.write("Hello World!");
    </script>
</center>
</body>
</html>
```

将上述代码保存为.htm(或.html)文件并双击打开,系统将调用默认浏览器解释执行,结果如图 1-4 所示。

图 1-4

JavaScript 脚本语言编程一般分为如下步骤:
(1) 选择 JavaScript 语言编辑器编辑脚本代码;
(2) 嵌入该 JavaScript 脚本代码到 HTML 文档中;
(3) 选择支持 JavaScript 的浏览器浏览该 HTML 文档;
(4) 如果错误则检查并修正源代码,重新浏览,重复此过程直至代码正确为止;
(5) 处理不支持 JavaScript 脚本语言的情况。

由于 JavaScript 脚本代码是嵌入到 HTML 文档中被浏览器解释执行的,所以开发 JavaScript 脚本代码并不需要特殊的编程环境,只需要普通的文本编辑器和支持 JavaScript 脚本语言的浏览器即可。那么如何选择 JavaScript 脚本编辑器呢?

1.3.2 选择 JavaScript 脚本编辑器

编写 JavaScript 脚本代码可以选择普通的文本编辑器,如 Windows Notepad、UltraEdit 等,只要所选编辑器能将所编辑的代码最终保存为 HTML 文档类型(.htm、.html 等)即可。

虽然 Dreamweaver、Microsoft FrontPage 等专业网页开发工具套件内部集成了 JavaScript 脚本语言的开发环境,但我们依然建议 JavaScript 脚本程序开发者在起步阶段使用最基本的文本编辑器,如 NotePad、UltraEdit 等进行开发,以便把注意力放在 JavaScript 脚本语言而不是开发环境上。

同时,如果脚本代码出现错误,可用该编辑器打开源文件(.htm、.html 或.js)修改后保存,重新使用浏览器浏览,重复此过程直到没有错误出现为止。

注意:.js 为 JavaScript 纯脚本代码文件的保存格式,该格式在通过<script>标记的 src 属性引入 JavaScript 脚本代码的方式中使用,用于嵌入外部脚本文件*.js。

1.3.3 引入脚本代码到 HTML 文档中

将 JavaScript 脚本嵌入到 HTML 文档中有 3 种标准方法:
(1) 代码包含于<script>和</script>标记对中,然后嵌入到 HTML 文档中;
(2) 通过<script>标记的 src 属性链接外部的 JavaScript 脚本文件;

(3) 通过 JavaScript 伪 URL 地址引入。

下面分别介绍 JavaScript 脚本的几种标准引入方法。

1. 通过<script>与</script>标记对引入

在 JavaScript 脚本代码中除了<script>与</script>标记对之间的内容外，都是最基本的 HTML 代码，可见<script>和</script>标记对将 JavaScript 脚本代码封装并嵌入到 HTML 文档中。

浏览器载入嵌有 JavaScript 脚本的 HTML 文档时，能自动识别 JavaScript 脚本代码起始标记<script>和结束标记</script>，并将其间的代码按照解释 JavaScript 脚本代码的方法加以解释，然后将解释结果返回 HTML 文档并在浏览器窗口显示。

来看看下面的代码：

```
<script language="javascript" type="text/javascript">
    document.write("Hello World!");
</script>
```

首先<script>和</script>标记对将 JavaScript 脚本代码封装，同时告诉浏览器其间的代码为 JavaScript 脚本代码，然后调用 document 文档对象的 write( )方法写字符串到 HTML 文档中。

下面重点介绍<script>标记的几个属性：

(1) language 属性：用于指定封装代码的脚本语言及版本，有的浏览器还支持 Perl、VBScript 等，几乎所有脚本浏览器都支持 JavaScript(非常老的版本除外)，同时 language 属性默认值也为 JavaScript。

(2) type 属性：指定<script>和</script>标记对之间插入的脚本代码类型。

(3) src 属性：用于将外部的脚本文件内容嵌入到当前文档中，一般在较新版本的浏览器中使用。使用 JavaScript 脚本语言编写的外部脚本文件必须使用 .js 为扩展名，同时在<script>和</script>标记对中不包含任何内容，例如：

```
<script language="JavaScript" type="text/javascript" src="Sample.js"></script>
```

2. 通过<script>标记的 src 属性引入

例如，改写程序代码并保存为 test.html。

```
<! DOCTYPE HTML PUBLIC "-//W3C//DTD HTML 4.0//EN"
"http://www.w3.org/TR/REC-html140/strict.dtd">
<html>
  <head>
      <title>Sample Page!</title>
  </head>
<body>
    <script language="javascript" type="text/javascript" src="1.js"></script>
</body>
</html>
```

同时在文本编辑器中编辑如下代码并将其保存为 1.js：

```
document.write("Hello World!");
```

将 test.html 和 1.js 文件放置于同一目录，双击运行 test.html，结果如图 1-4 所示。

可见通过外部引入 JavaScript 脚本文件的方式，能实现同样的功能。这种方法具有如下优点：

(1) 将脚本程序同现有页面的逻辑结构及浏览器结果分离。通过外部脚本，可以轻松实现多个页面共同完成同一功能的脚本文件，以通过更新一个脚本文件内容达到批量更新的目的；

(2) 浏览器可以实现对目标脚本文件的高速缓存，避免由于引用同样功能的脚本代码而导致的下载时间的增加。

注意：一般来讲，应将实现通用功能的 JavaScript 脚本代码作为外部脚本文件引用，而将实现特有功能的 JavaScript 代码则直接嵌入到 HTML 文档中的<head>与</head>标记对之间，提前载入以便及时、正确响应页面事件。

3. 通过 JavaScript 伪 URL 引入

在多数支持 JavaScript 脚本语言的浏览器中，可以通过 JavaScript 伪 URL 地址调用语句来引入 JavaScript 脚本代码。伪 URL 地址的一般格式如下：

```
javascript:alert("Hello World!")
```

一般以"javascript:"开始，后面紧跟要执行的操作。下面的代码将演示如何使用伪 URL 地址引入 JavaScript 代码：

```
<! DOCTYPE HTML PUBLIC "-//W3C//DTD HTML 4.0//EN"
"http://www.w3.org/TR/REC-html140/strict.dtd">
<html>
<head>
    <title>Sample Page!</title>
</head>
<body>
<br>
<center>
    <p>伪 URL 地址引入 JavaScript 脚本代码实例：</p>
    <form name="MyForm">
        <input type=text name="MyText" value="鼠标点击"
        onclick="javascript:alert('鼠标已点击文本框! ')">
    </form>
</center>
</body>
</html>
```

鼠标点击文本框,弹出警示框如图 1-5 所示。

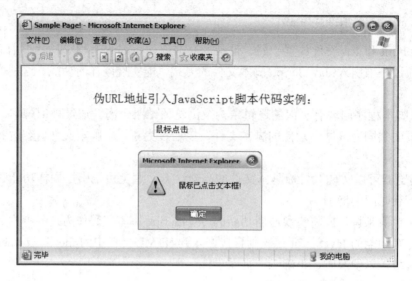

图 1-5

伪 URL 地址可用于文档中任何地方,且能够触发任意数量的 JavaScript 函数或对象固有的方法。由于这种方式的代码短小精悍,运用效果颇佳,故在表单数据合法性验证,例如某个字段是否符合日期格式等方面应用非常广泛。

1.3.4 嵌入脚本代码的位置

JavaScript 脚本代码可放在 HTML 文档任何需要的位置。一般来说,可以在<head>与</head>标记对之间、<body>与</body>标记对之间按需要放置。

1. <head>与</head>标记对之间放置

放置在<head>与</head>标记对之间的 JavaScript 脚本代码一般用于提前载入以响应用户的动作,一般不影响 HTML 文档的浏览器显示内容。其基本文档结构如下:

```
<! DOCTYPE HTML PUBLIC "-//W3C//DTD HTML 4.0//EN"
"http://www.w3.org/TR/REC-html140/strict.dtd">
<html>
<head>
  <title>文档标题</title>
  <script language="javascript" type="text/javascript">
      //脚本语句…
  </script>
</head>
<body>
</body>
</html>
```

2. <body>与</body>标记对之间放置

如果需要在页面载入时运行 JavaScript 脚本生成网页内容,应将脚本代码放置在<body>与</body>标记对之间,可根据需要编写多个独立的脚本代码段与 HTML 代码结合在一起。其基本文档结构如下:

```
<! DOCTYPE HTML PUBLIC "-//W3C//DTD HTML 4.0//EN"
"http://www.w3.org/TR/REC-html140/strict.dtd">
<html>
<head>
  <title>文档标题</title>
</head>
<body>
  <script language="javascript" type="text/javascript">
      //脚本语句…
  </script>
  //HTML 语句
  <script language="javascript" type="text/javascript">
      //脚本语句…
  </script>
</body>
</html>
```

1.4 JavaScript 实现基础

ECMAScript 是 JavaScript 脚本语言的基石,但并不是使用 JavaScript 脚本语言开发过程中应唯一特别值得关注的部分。实际上,一个完整的 JavaScript 脚本语言实现应包含如下三部分:

ECMAScript 核心:为不同的宿主环境提供核心的脚本能力;
DOM(文档对象模型):规定了访问 HTML 和 XML 的应用程序接口;
BOM(浏览器对象模型):提供独立于内容而在浏览器窗口之间进行交互的对象和方法。
下面分别介绍这三个部分。

1.4.1 ECMAScript

ECMAScript 规定了能适应于各种宿主环境的脚本核心语法规则。关于 ECMAScript 语言,ECMA-262 标准描述如下:

"ECMAScript 可以为不同种类的宿主环境提供核心的脚本编程能力,因此核心的脚本语言是与任何特定的宿主环境分开进行规定的……"

ECMAScript 并不附属于任何浏览器,Web 浏览器只是其能适应的宿主环境中的一种,在其发展史上还有很多宿主环境，如 Microsoft 的 WSH、Micromedia 的 ActionScript、Nombas 的 ScriptBase 和 Yahool!的 Widget 引擎等都可以容纳 ECMAScript 实现。

ECMAScript 仅仅是个描述，定义了脚本语言所有的对象、属性和方法，其主要描述的内容有：语法、数据类型、关键字、保留字、运算符、对象、语句。

支持 ECMA 标准的浏览器都提供自己的 ECMAScript 脚本语言接口，并按照需要扩展其内容，如对象、属性和方法等。

ECMAScript 标准定义了 JavaScript 脚本中最为核心的内容，是 JavaScript 脚本的骨架，有了骨架，就可以在其上进行扩展，典型的扩展如 DOM(文档对象模型)和 BOM(浏览器对象模型)等。

1.4.2 DOM

DOM 定义了 JavaScript 可以进行操作的文档各个功能部件的接口，提供访问文档各个功能部件(如 Document、Form、Textarea 等)的途径以及操作方法。

在浏览器载入文档(HTML 或 XML)时，根据其支持的 DOM 规范级别将整个文档规划成由节点层级构成的节点树，文档中每个部分都是一个节点，然后依据节点树层级同时根据目标节点的某个属性搜索到目标节点后，调用节点的相关处理方法进行处理，完成定位到处理的整个过程。

1.4.3 BOM

BOM 定义了 JavaScript 可以进行操作的浏览器各个功能部件的接口，提供访问文档各个功能部件(如窗口本身、屏幕功能部件、浏览历史记录等)的途径以及操作方法。遗憾的是，BOM 只是 JavaScript 脚本实现的一部分，没有任何相关的标准，每种浏览器都有自己的 BOM 实现，这一点可以说是 BOM 的软肋。

通常情况下浏览器特定的 JavaScript 扩展都被看作是 BOM 的一部分，主要包括：
- 关闭、移动浏览器及调整浏览器窗口大小；
- 弹出新的浏览器窗口；
- 提供浏览器详细信息的定位对象；
- 提供载入到浏览器窗口的文档详细信息的定位对象；
- 提供用户屏幕分辨率详细信息的屏幕对象；
- 提供对 Cookie 的支持；
- 加入 ActiveXObject 类扩展 BOM，通过 JavaScript 实例化 ActiveX 对象。

BOM 有一些事实上的标准，如窗口对象、导航对象等，但每种浏览器都为这些对象定义或扩展了属性及方法。

1.5 编程准备

使用 JavaScript 脚本语言进行编程首先需要了解的知识包括：编程术语、大小写敏感性及分号等内容，以及脚本编程过程中需遵守的约定，为编写合法的 JavaScript 脚本程序打下坚实基础。

1.5.1 JavaScript 与 Java

JavaScript 和 Java 虽然名字都带有 Java，但它们是两种不同的语言，可以说是两种互不相干的语言：前者是一种基于对象的脚本语言，可以嵌在网页代码里实现交互及控制功能，而后者是一种面向对象的编程语言，可用在桌面应用程序、Internet 服务器、中间件、嵌入式设备以及其他环境中。其主要区别如下：

开发公司不同：JavaScript 是 Netscape 公司的产品，是为了扩展 Netscape Navigator 功能而开发的一种可以嵌入 Web 页面中的基于对象和事件驱动的解释性语言；Java 是 Sun 公司推出的面向对象的程序设计语言，特别适合于 Internet 应用程序开发。

语言类型不同：JavaScript 是基于对象和事件驱动的脚本编程语言，本身提供了非常丰富的内部对象供设计人员使用；Java 是面向对象的编程语言，即使是开发简单的程序，也必须设计对象。

执行方式不同：JavaScript 是一种解释性编程语言，其源代码在发往客户端执行之前不需要经过编译，而是将文本格式的字符代码发送给客户端，由浏览器解释执行；Java 的源代码在传递到客户端执行之前，必须经过编译，因而客户端上必须具有相应平台上的仿真器或解释器。

变量类型不同：JavaScript 采用弱类型变量，即变量在使用前不需作特别声明，而是在浏览器解释运行该代码时才检查其数据类型；Java 采用强类型变量，即所有变量在通过编译器编译之前必须作专门声明，否则将会报错。

联编方式不同：JavaScript 采用动态联编，即其对象引用在浏览器解释运行时进行检查，若不经编译就无法实现对象引用的检查；Java 采用静态联编，即 Java 的对象引用必须在编译时进行，以使编译器能够实现强类型检查。

经过以上几个方面的比较，应该能清楚地认识到 JavaScript 和 Java 是没有任何联系的两门语言。

1.5.2 脚本执行顺序

JavaScript 脚本解释器将按照程序代码出现的顺序来解释程序语句，因此可以将函数定义和变量声明放在<head>和</head>之间，这样与函数体相关的操作就不会被立即执行。

1.5.3 大小写敏感

JavaScript 脚本程序对大小写敏感，相同的字母，大小写不同，代表的意义也不同，如变量名 name、Name 和 NAME 代表三个不同的变量名。在 JavaScript 脚本程序中，变量名、函数名、运算符、关键字、对象属性等都是对大小写敏感的。因此，所有的关键字、内建函数以及对象属性等的大小写都是固定的，所以在编写 JavaScript 脚本程序时，一定要确保输入正确，否则不能达到编写程序的目的。

1.5.4 语言注释语句

在 JavaScript 脚本代码中，可加入一些提示性的语句，以便提示代码的用途及跟踪程

基于任务驱动模式的 JavaScript 程序设计案例教程

序执行的流程,增加程序的可读性,同时有利于代码的后期维护。上述提示性语句称作语言注释语句。JavaScript 脚本解释器并不执行语言注释语句。

一般使用双反斜杠"//"作为每行注释语句的开头,例如:

```
// 程序注释语句
```

值得注意的是,必须在每行注释语句前均加上双反斜杠"//"。例如:

```
// 程序注释语句 1
// 程序注释语句 2
```

下面的语句为错误的注释语句:

```
// 程序注释语句 1
程序注释语句 2
```

上述语句中第二行不会被脚本解释器作为注释语句对待,而是作为普通的代码对待,即将会被脚本解释器解释执行。

对于多行的注释语句,可以在注释语句开头加上"/*",末尾加上*/,不须在每行开头加上双反斜杠"//"。例如:

```
/* 程序注释语句 1
程序注释语句 2
程序注释语句 3 */
```

1.6 变　量

任何一种程序语言都会引入变量(Variable),包括变量标识符、变量声明和变量作用域等内容。JavaScript 脚本语言中也将涉及变量,其主要作用是存取数据以及提供存放信息的容器。在实际脚本开发过程中,变量是开发者与脚本程序交互的主要工具。下面将分别介绍变量标识符、变量声明和变量作用域等内容。

1.6.1 变量标识符

与 C++、Java 等高级程序语言使用多个变量标识符不同,JavaScript 脚本语言使用关键字 var 作为其唯一的变量标识符,其用法为在关键字 var 后面加上变量名。例如:

```
var width;
var MyData;
```

1.6.2 变量声明

在 JavaScript 脚本语言中,声明变量的过程相当简单,例如通过下面的代码声明名为 age 的变量:

```
var age;
```

JavaScript 脚本语言允许开发者不声明变量，而在变量赋值时自动声明该变量。一般来说，为培养良好的编程习惯，同时为了使程序结构更加清晰易懂，建议在使用变量前对变量进行声明。

变量赋值和变量声明可以同时进行，例如下面的代码声明名为 age 的变量，同时给该变量赋初值 25：

    var age = 25;

并且，可在一句 JavaScript 脚本代码中同时声明两个以上的变量，例如：

    var age , name;

同时初始化两个以上的变量也是允许的，例如：

    var age = 35 , name = "tom";

在编写 JavaScript 脚本代码时，养成良好的变量命名习惯相当重要。规范的变量命名，不仅有助于脚本代码的输入和阅读，也有助于脚本编程错误的排除。一般情况下，应尽量使用单词组合来描述变量的含义，并可在单词间添加下划线，或者第一个单词首字母小写而后续单词首字母大写。

注意：JavaScript 脚本语言中变量名的命名需遵循一定的规则，允许包含字母、数字、下划线和美元符号，而空格和标点符号都是不允许出现在变量名中，同时不允许出现中文变量名，且大小写敏感。

1.6.3 变量作用域

要讨论变量的作用域，首先要清楚全局变量和局部变量的联系和区别。

全局变量可以在脚本中的任何位置被调用，全局变量的作用域是当前文档中整个脚本区域。

局部变量只能在此变量声明语句所属的函数内部使用，局部变量的作用域仅为该函数体。

声明变量时，要根据编程的目的决定将变量声明为全局变量还是局部变量。一般而言，保存全局信息(如表格的原始大小、下拉框包含选项对应的字符串数组等)的变量需声明为全局变量，而保存临时信息(如待输出的格式字符串、数学运算中间变量等)的变量则声明为局部变量。

1.7 弱 类 型

JavaScript 脚本语言像其他程序语言一样，其变量都有数据类型，具体数据类型将在下一节中介绍。高级程序语言如 C++、Java 等为强类型语言，在变量声明时必须显式地指定其数据类型；而 JavaScript 脚本语言是弱类型语言，在变量声明时不需显式地指定其数据类型，变量的数据类型将根据变量的具体内容推导出来，且根据变量内容的改变而自动更改。

变量声明时不需显式指定其数据类型既是 JavaScript 脚本语言的优点也是缺点，优点是编写脚本代码时不需要指明数据类型，使变量声明过程简单明了，缺点是有可能因微妙的拼写不当而引起致命的错误。参考如下代码：

```
<script language="JavaScript" type="text/javascript">
    //弱类型测试函数
    function Test(){
        var msg="\n 弱类型语言测试 : \n\n";
        msg+="''600''*5 = "+('600'*6)+"\n";
        msg+="''600''-5 = "+('600'-5)+"\n";
        msg+="''600''/5 = "+('600'/5)+"\n";
        msg+="''600''+5 = "+('600'+5)+"\n";
        alert(msg);
    }
    Test();
</script>
```

程序运行后，在页面弹出警告框如图 1-6 所示。

图 1-6

由图中前三个表达式运算结果可知，JavaScript 脚本语言在解释执行时自动将字符型数据转换为数值型数据，而最后一个结果由于"+"的特殊性导致运算结果不同，原因是将数值型数据转换成了字符型数据。运算符"+"有两个作用：

(1) 作为数学运算的加和运算符；
(2) 作为字符型数据的连接符。

由于"+"作为后者使用时优先级较高，故实例中表达式""600"+5"的结果为字符串"6005"，而不是整数 605。

1.8 基本数据类型

在实现预定功能的程序代码中，一般需定义变量来存储数据(如初始值、中间值、最终

第 1 章　JavaScript 入门

值或函数参数等）。变量包含多种类型，JavaScript 脚本语言支持的基本数据类型包括 Number 型、String 型、Boolean 型、Undefined 型、Null 型和 Function 型，分别对应于不同的存储空间。

1.8.1　Number 型

Number 型数据即为数值型数据，包括整数型和浮点型。整数型数值可以使用十进制、八进制以及十六进制标识；浮点型数值为包含小数点的实数，且可用科学计数法来表示。一般来说，Number 型数据为不在括号内的数字，例如：

```
var myDataA=8;
var myDataB=6.3;
```

上述代码分别定义值为整数 8 的 Number 型变量 myDataA 和值为浮点数 6.3 的 Number 型变量 myDataB。

1.8.2　String 型

String 型数据表示字符型数据。JavaScript 不区分单个字符和字符串，任何字符或字符串都可以用双引号或单引号引起来。例如下列语句中定义的 String 型变量 nameA 和 nameB 包含相同的内容：

```
var nameA = "Tom";
var nameB = 'Tom';
```

如果字符串本身含有双引号，则应使用单引号将字符串引起来；若字符串本身含有单引号，则应使用双引号将字符串引起来。一般来说，在编写脚本过程中，双引号或单引号的选择在整个 JavaScript 脚本代码中应尽量保持一致，以养成好的编程习惯。

1.8.3　Boolean 型

Boolean 型数据表示的是布尔型数据，取值为 ture 或 false，分别表示逻辑真和假，且任何时刻都只能使用两种状态中的一种，不能同时出现。例如下列语句分别定义 Boolean 变量 bChooseA 和 bChooseB，并分别赋予初值 true 和 false。

```
var bChooseA = true;
var bChooseB = false;
```

值得注意的是，Boolean 型变量赋值时，不能在 true 或 false 外面加引号，例如：

```
var happyA = true;
var happyB = "true";
```

事实上，上述语句是分别定义了初始值为 true 的 Boolean 型变量 happyA 和初始值为字符串 "true" 的 String 型变量 happyB。

1.8.4 Undefined 型

Undefined 型数据即为未定义类型数据,用于定义不存在或者没有被赋初始值的变量或对象的属性,如下列语句定义变量 name 为 Undefined 型。

```
var name;
```

定义 Undefined 型变量后,可在后续的脚本代码中对其进行赋值操作,从而自动获得由其值决定的数据类型。

1.8.5 Null 型

Null 型数据表示空值,作用是表明数据空缺的值,一般在设定已存在的变量(或对象的属性)为空时较为常用。区分 Undefined 型和 Null 型数据比较麻烦,一般将 Undefined 型和 Null 型等同对待。

1.8.6 Function 型

Function 型数据表示函数,可以通过 new 操作符和构造函数 Function()来动态创建所需功能的函数,并为其添加函数体。例如:

```
var myFuntion = new Function(){
    //staments;
};
```

JavaScript 脚本语言除了支持上述六种基本数据类型外,也支持组合类型,如数组 Array 和对象 Object 等。我们在后续内容中将详细介绍组合类型。

上 机 1

总目标

(1) 了解 JavaScript 编程起步。
(2) 掌握 JavaScript 程序的编写和运行流程。
(3) 掌握 JavaScript 中变量的声明。
(4) 掌握 JavaScript 中基本数据类型的使用。
(5) 利用 JavaScript 实现页面内容的打印输出。

阶段一

上机目的:完成 JavaScript 入门程序"Hello World!"的编写。
上机要求:
(1) 新建一个记事本文件;
(2) 将记事本文件后缀名改为 .html,并用 Notepad(记事本)将其打开;

(3) 在该文件中编写 JavaScript 代码；
(4) 通过 document.write()方法向页面输出字符串；
(5) 编写完成后保存并用浏览器查看页面效果。

阶段二

上机目的：掌握 JavaScript 中的基本数据类型。

上机要求：

(1) 用记事本编写 JavaScript 代码，声明多个变量，给变量赋不同类型的值；
(2) 分别用 alert()函数弹出该变量对应的值进行查看；
(3) 试着给代码添加注释；
(4) 保存代码并用浏览器查看效果。

阶段三

上机目的：编写 JS 文件导入到页面中。

上机要求：

(1) 创建一个记事本文件，将其后缀名改为.js，使其变成 JavaScript 脚本文件；
(2) 在该脚本文件中编写任意 JavaScript 代码；
(3) 保存该 JavaScript 脚本文件，并新建 HTML 文件；
(4) 在 HTML 文件中，通过<script>标记将该脚本文件导入到页面中运行；
(5) 用浏览器打开该 HTML 文件测试效果。

作 业 1

一、选择题

1. JavaScript 是_____。
A、客户端脚本语言
B、客户端标记语言
C、服务器端脚本语言
D、服务器端标记语言

2. 关于 JavaScript 的作用，以下说法正确的是_____。(选三项)
A、访问数据库
B、实现客户端表单验证
C、制作网页特效
D、实现网页交互操作

3. 关于 JavaScript 编程工具的说法，正确的是_____。
A、只能使用 DreamWeaver
B、只能使用记事本
C、只能使用 EditPlus

D、一切文本编辑器皆可

4. 完整的 JavaScript 实现包括三个部分，除了_____。

A、ECMAScript

B、BOM

C、COM

D、DOM

5. JavaScript 脚本文件的后缀名是_____。

A、*.jsp

B、*.js

C、*.java

D、*.asp

6. 将 JavaScript 脚本文件导入到 HTML 页面所对应的标记是_____。

A、<import>

B、<embed>

C、<link>

D、<script>

7. JavaScript 中，下列注释语句正确的是_____。(选两项)

A、/这里是注释

B、//这里是注释

C、/* 这里是注释 */

D、--这里是注释

8. JavaScript 语言中声明变量的关键字是_____。

A、dim

B、variant

C、var

D、varchar

9. 在 JavaScript 中，声明一个变量而未对该变量赋初始值，则该变量对应的数据类型是_____。

A、Number

B、Undefined

C、String

D、Boolean

10. 在 JavaScript 中，下列说法中，错误的是_____。

A、JavaScript 中不区分大小写

B、在 JavaScript 中用//表示注释

C、在 JavaScript 中，字符串既可以用单引号引用，也可以用双引号引用

D、JavaScript 语言属于弱类型编程语言

二、简答题

(1) 简述 JavaScript 的作用。

(2) 简述 JavaScript 语言的特点。

(3) 列举几个你熟悉的文本编辑器。

(4) 简述 JavaScript 中基本数据类型有哪些。

三、代码题

用 JavaScript 在页面中打印一个表格。

第 2 章 JavaScript 语言基础

2.1 概 述

JavaScript 脚本语言作为一门功能强大、使用范围较广的程序语言,其语言基础包括数据类型、变量、运算符、函数以及核心语句等内容。本章主要介绍 JavaScript 脚本语言的基础知识,带领读者领略 JavaScript 脚本语言的精妙之处,并为后续章节的深入学习打下坚实的基础。

2.2 运 算 符

编写 JavaScript 脚本代码过程中,对目标数据进行运算操作需用到运算符。JavaScript 脚本语言支持的运算符包括:赋值运算符、基本数学运算符、自加和自减、比较运算符、逻辑运算符、?…: 运算符以及 typedof 运算符等,下面将分别予以介绍。

2.2.1 赋值运算符

常用的 JavaScript 脚本语言的赋值运算符包含 "="、"+="、"-="、"*="、"/="、"%=",汇总如表 2-1 所示。

表 2-1

赋值运算符	举例	简 要 说 明
=	m=n	将运算符右边变量的值赋给左边变量
+=	m+=n	将运算符两侧变量的值相加并将结果赋给左边变量
-=	m-=n	将运算符两侧变量的值相减并将结果赋给左边变量
*=	m*=n	将运算符两侧变量的值相乘并将结果赋给左边变量
/=	m/=n	将运算符两侧变量的值相除并将整除的结果赋给左边变量
%=	m%=n	将运算符两侧变量的值相除并将余数赋给左边变量

2.2.2 基本数学运算符

JavaScript 脚本语言中基本的数学运算包括加、减、乘、除以及取余等,其对应的数学运算符分别为 "+"、"-"、"*"、"/" 和 "%" 等,如表 2-2 所示。

第 2 章 JavaScript 语言基础

表 2-2

数学运算符	举例	简 要 说 明
+	m=5+5	将两个数据相加，并将结果返回操作符左侧的变量
-	m=9-4	将两个数据相减，并将结果返回操作符左侧的变量
*	m=3*4	将两个数据相乘，并将结果返回操作符左侧的变量
/	m=20/5	将两个数据相除，并将结果返回操作符左侧的变量
%	m=14%3	求两个数据相除的余数，并将结果返回操作符左侧的变量

2.2.3 自加和自减

自加运算符"++"和自减运算符"--"分别将操作数加 1 或减 1。值得注意的是，自加和自减运算符放置在操作数的前面和后面含义不同。运算符写在变量名前面，则返回值为自加或自减前的值；而写在后面，则返回值为自加或自减后的值。参考如下测试代码：

```
<script>
window.onload = function ()
{
    var oBody = document.body;
    var i = 0;
    setInterval(updateNum, 1000);
    updateNum();
    function updateNum()
    {
        oBody.innerHTML = ++i
    }
}
</script>
```

程序运行后，效果如图 2-1 所示。

图 2-1

由程序运行结果可以看出：
(1) 若自加(或自减)运算符放置在操作数之后，执行该自加(或自减)操作时，先将操作数的值赋值给运算符前面的变量，然后操作数自加(或自减)；
(2) 若自加(或自减)运算符放置在操作数之前，执行该自加(或自减)操作时，操作数先进行自加(或自减)，然后将操作数的值赋值给运算符前面的变量。

2.2.4 比较运算符

JavaScript 脚本语言中用于比较两个数据的运算符称为比较运算符，包括"= ="、"！="、">"、"<"、"<="、">="等，其具体作用见表 2-3。

表 2-3

比较运算符	举例	简要说明
==	num==8	相等，若两数据相等，则返回布尔值 true，否则返回 false
!=	num!=8	不相等，若两数据不相等，则返回布尔值 true，否则返回 false
>	num>8	大于，若左边数据大于右边数据，则返回布尔值 true，否则返回 false
<	num<8	小于，若左边数据小于右边数据，则返回布尔值 true，否则返回 false
>=	num>=8	大于或等于，若左边数据大于或等于右边数据，则返回布尔值 true，否则返回 false
<=	num<=8	小于或等于，若左边数据小于或等于右边数据，则返回布尔值 true，否则返回 false

比较运算符主要用于数值判断及流程控制等方面。考察如下的测试代码。

```
<!DOCTYPE HTML PUBLIC "-//W3C//DTD HTML 4.0//EN"
"http://www.w3.org/TR/REC-html140/strict.dtd">
<html>
<head>
<title>Sample Page!</title>
<script language="JavaScript" type="text/javascript">
    //响应按钮的 onclick 事件处理程序
    function Test(){
        var myAge=prompt("请输入您的年龄(数值) : ",25);
        var msg="\n 年龄测试 : \n\n";
        msg+="年龄 : "+myAge+" 岁\n";
        if(myAge<18)
            msg+="结果 : 您处于青少年时期! \n";
        if(myAge>=18&&myAge<30)
            msg+="结果 : 您处于青年时期! \n";
        if(myAge>=30&&myAge<55)
            msg+="结果 : 您处于中年时期! \n";
        if(myAge>=55)
            msg+="结果 : 您处于老年时期! \n";
        alert(msg);
    }
```

```
    </script>
  </head>
  <body bgColor="green">
  <center>
  <form>
  <input type=button value="运算符测试" onclick="Test()">
  </form>
  </center>
  </body>
</html>
```

程序运行后,在原始页面中单击"运算符测试"按钮,将弹出提示框提示用户输入相关信息,如图 2-2 所示。

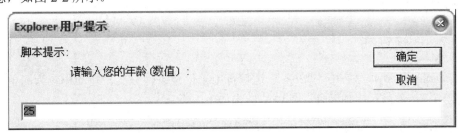

图 2-2

在上述提示框中输入相关信息(如年龄 35)后,单击"确定"按钮,弹出警告框如图 2-3 所示。

图 2-3

可以看出,脚本代码采集用户输入的数值,然后通过比较运算符进行判定,再做出相对应的操作,实现了程序流程的有效控制。

注意:比较运算符 "=="与赋值运算符"="截然不同,前者用于比较运算符前后的两个数据,主要用于数值比较和流程控制;后者用于将运算符后面的变量的值赋予运算符前面的变量,主要用于变量赋值。

2.2.5 逻辑运算符

JavaScript 脚本语言的逻辑运算符包括 "&&"、"||"和"!"等,用于两个逻辑型数据

之间的操作，返回值的数据类型为布尔型。逻辑运算符的功能如表 2-4 所示。

表 2-4

逻辑运算符	举例	简要说明
&&	num<5&&num>2	逻辑与，如果符号两边的操作数为真，则返回 true，否则返回 false
||	num<5||num>2	逻辑或，如果符号两边的操作数为假，则返回 false，否则返回 true
!	!num<5	逻辑非，如果符号右边的操作数为真，则返回 false，否则返回 true

逻辑运算符一般与比较运算符捆绑使用，用以引入多个控制的条件，以控制 JavaScript 脚本代码的流向。

2.2.6 ?…: 运算符

在 JavaScript 脚本语言中，"?…:"运算符用于创建条件分支。在动作较为简单的情况下，较之 if…else 语句更加简便，其语法结构如下：

```
(condition)?statementA:statementB;
```

载入上述语句后，首先判断条件 condition，若结果为真则执行语句 statementA，否则执行语句 statementB。值得注意的是，由于 JavaScript 脚本解释器将分号";"作为语句的结束符，statementA 和 statementB 语句均必须为单个脚本代码，若使用多个语句会报错，例如下列代码在浏览器解释执行时得不到正确的结果：

```
(condition)?statementA:statementB;statementC;
```

考察如下简单的分支语句：

```
var age= prompt("请输入您的年龄(数值)：",25);
var contentA="\n 系统提示 ：\n 对不起，您未满 18 岁，不能浏览该网站！\n";
var contentB="\n 系统提示 ：\n 点击"确定"按钮，注册网上商城开始欢乐之旅！"
if(age<18)
{
    alert(contentA);
}
else{
    alert(contentB);
}
```

程序运行后，页面中弹出提示框提示用户输入年龄，并根据输入值决定后续操作。例如在提示框中输入整数 17，然后单击"确定"按钮，则弹出警告框如图 2-4 所示。

图 2-4

若在提示框中输入整数 24,然后单击"确定"按钮,则弹出警告框如图 2-5 所示。

图 2-5

上述语句中的条件分支语句完全可由"?…:"运算符简单表述:

(age<18)?alert(contentA):alert(contentB);

可以看出,使用"?…:"运算符进行简单的条件分支,语法简单明了,但若要实现较为复杂的条件分支,推荐使用 if…else 语句或者 switch 语句。

2.2.7 typeof 运算符

typeof 运算符用于表明操作数的数据类型,返回数值类型为一个字符串。在 JavaScript 脚本语言中,其使用格式如下:

var myString=typeof(data);

考察如下实例:

```
<script type="text/javascript">
document.write("<h2>对变量或值调用 typeof 运算符返回值:</h2>");
var width,height=10,name="rose";
var arrlist=new Date();
document.write(typeof(width)+"<br>");
document.write(typeof(height)+"<br>");
document.write(typeof(name)+"<br>");
```

```
document.write(typeof(true)+"<br>");
document.write(typeof(null)+"<br>");
document.write(typeof(arrlist));
</script>
```

程序运行后，出现如图2-6所示页面。

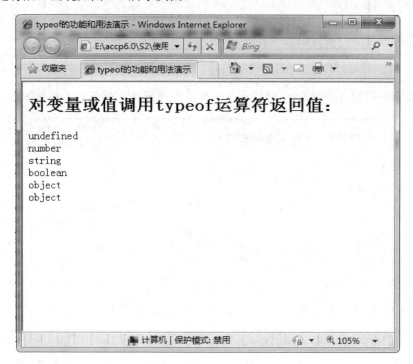

图2-6

可以看出，使用关键字 var 定义变量时，若不指定其初始值，则变量的数据类型默认为 undefined。同时，若在程序执行过程中，变量被赋予其他隐性包含特定数据类型的数值时，其数据类型也随之发生更改。

2.3 核心语句

前面小节讲述了 JavaScript 脚本语言数据结构方面的基础知识，包括基本数据类型、运算符等，本节将重点介绍 JavaScript 脚本的核心语句。

2.3.1 基本处理流程

基本处理流程就是对数据结构的处理流程。在 JavaScript 里，基本的处理流程包含三种结构，即顺序结构、选择结构和循环结构。

顺序结构即按照语句出现的先后顺序依次执行，是 JavaScript 脚本程序中最基本的结构，如图2-7所示。

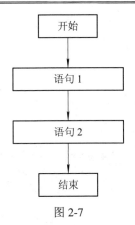

图 2-7

选择结构按照给定的逻辑条件来决定执行顺序,可以分为单向选择、双向选择和多向选择。但无论是单向选择还是多向选择,程序在执行过程中都只能执行其中一条分支。单向选择和双向选择结构分别如图 2-8(a)、(b)所示。

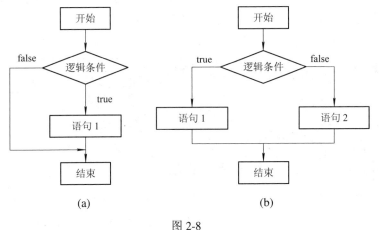

(a)   (b)

图 2-8

循环结构根据代码的逻辑条件来判断是否重复执行某一段程序。若逻辑条件为 true,则重复执行,即进入循环,否则结束循环。循环结构可分为条件循环和计数循环,分别如图 2-9(a)、(b)所示。

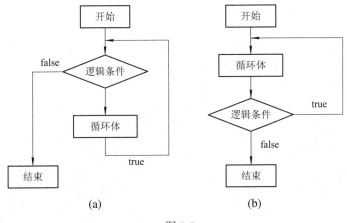

(a)   (b)

图 2-9

一般而言，在 JavaScript 脚本语言中，程序总体是按照顺序结构执行的，而在顺序结构中可以包含选择结构和循环结构。

2.3.2　if 条件假设语句

if 条件假设语句是比较简单的一种选择结构语句，若给定的逻辑条件表达式为真，则执行一组给定的语句。其基本结构如下：

```
if(conditions)
{
    statements;
}
```

逻辑条件表达式"conditions"必须放在小括号里，且仅当该表达式为真时，执行大括号内包含的语句，否则将跳过该条件语句而执行其下的语句。大括号内的语句可为一个或多个，当仅有一个语句时，大括号可以省略。但一般而言，为养成良好的编程习惯，同时增强程序代码的结构化和可读性，建议使用大括号将指定执行的语句括起来。

if 后面可增加 else 进行扩展，即组成 if…else 语句，其基本结构如下：

```
if(conditions)
{
    statement1;
}else
{
    statement2;
}
```

当逻辑条件表达式 conditions 运算结果为真时，执行 statement1 语句(或语句块)，否则执行 statement2 语句(或语句块)。

if(或 if…else)结构可以嵌套使用来表示所示条件的一种层次结构关系。值得注意的是，嵌套时应重点考虑各逻辑条件表达式所表示的范围。

2.3.3　switch 流程控制语句

在 if 条件假设语句中，逻辑条件只能有一个，如果有多个条件，可以使用嵌套的 if 语句来解决，但此种方法会增加程序的复杂度，降低程序的可读性。若使用 switch 流程控制语句就可完美地解决此问题，其基本结构如下：

```
switch (a)
{
    case a1:
        statement 1;
        [break;]
    case a2:
```

```
            statement 2;
        [break];
    …
    default:
        [statement n;]
}
```

其中 a 是数值型或字符型数据，将 a 的值与 a1、a2、……比较，若 a 与其中某个值相等，则执行相应数据后面的语句，遇到关键字 break 时，程序跳出 statement n 语句，并重新进行比较；若找不到与 a 相等的值，则执行关键字 default 下面的语句。

考察如下的测试代码：

```
<!DOCTYPE html>
<html>
<body>

<p>点击下面的按钮来显示今天是周几：</p>

<button onclick="myFunction()">点击这里</button>

<p id="demo"></p>

<script>
function myFunction()
{
    var x;
    var d=new Date().getDay();
    switch (d)
    {
        case 0:
            x="Today is Sunday";
            break;
        case 1:
            x="Today is Monday";
            break;
        case 2:
            x="Today is Tuesday";
            break;
        case 3:
            x="Today is Wednesday";
```

```
            break;
        case 4:
            x="Today is Thursday";
            break;
        case 5:
            x="Today is Friday";
            break;
        case 6:
            x="Today is Saturday";
            break;
    }
    document.getElementById("demo").innerHTML=x;
}
</script>


</body>
</html>
```

程序运行后,在原始页面中单击"测试"按钮,将弹出提示框提示用户输入相关信息,例如输入 12,单击"确定"按钮提交,弹出警告框如图 2-10 所示。

图 2-10

2.3.4 for 循环语句

for 循环语句是循环结构语句，按照指定的循环次数，循环执行循环体内语句(或语句块)，其基本结构如下：

```
for(initial condition; test condition; alter condition)
{
    statements;
}
```

循环控制代码(即小括号内代码)内各参数的含义如下：

initial condition 表示循环变量初始值。

test condition 为控制循环结束与否的条件表达式，程序每执行完一次循环体内语句(或语句块)，均要计算该表达式是否为真，若结果为真，则继续执行下一次循环体内语句(或语句块)，若结果为假，则跳出循环体。

alter condition 指循环变量更新的方式，程序每执行完一次循环体内语句(或语句块)，均需要更新循环变量。

上述循环控制参数之间使用分号";"间隔开来。

考察如下的测试函数：

```
<!DOCTYPE html>
<html>
<body>
<p>点击下面的按钮，循环遍历对象 "person" 的属性。</p>
<button onclick="myFunction()">点击这里</button>
<p id="demo"></p>

<script>
function myFunction()
{
    var x;
    var txt="";
    var person={fname:"Bill",lname:"Gates",age:56};
    
    for (x in person)
    {
        txt=txt + person[x];
    }
```

```
        document.getElementById("demo").innerHTML=txt;
    }
    </script>
    </body>
    </html>
```

上述函数被调用后，弹出警告框如图 2-11 所示。

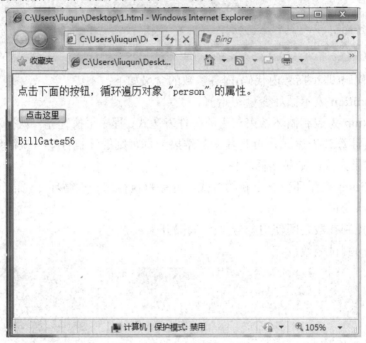

图 2-11

2.3.5　while 和 do…while 循环语句

while 语句与 if 语句相似，均能够有条件地控制语句(或语句块)的执行，其语言结构如下：

```
    while(conditions)
    {
        statements;
    }
```

while 语句与 if 语句的不同之处：if 条件语句中，若逻辑条件表达式为真，则运行 statements 语句(或语句块)，且仅运行一次；而 while 循环语句则是在逻辑条件表达式为真的情况下，反复执行循环体内包含的语句(或语句块)。

注意：while 语句的循环变量的赋值语句在循环体前，循环变量更新则放在循环体内；for 循环语句的循环变量赋值和更新语句都在 for 后面的小括号中，在编程中应注意二者的区别。

```
<!DOCTYPE html>
<html>
<body>

<script>
cars=["BMW","Volvo","Saab","Ford"];
var i=0;
while (cars[i])
{
    document.write(cars[i] + "<br>");
    i++;
}
</script>

</body>
</html>
```

在某些情况下，while 循环大括号内的 statements 语句(或语句块)可能一次也不被执行，这是因为对逻辑条件表达式的运算在执行 statements 语句(或语句块)之前。若逻辑条件表达式运算结果为假，则程序直接跳过循环而一次也不执行 statements 语句(或语句块)。

若希望至少执行一次 statements 语句(或语句块)，可改用 do…while 语句，其基本语法结构如下：

```
do {
    statements;
}while(condition);
```

do…while 的参考代码：

```
<!DOCTYPE html>
<html>
<body>

<p>点击下面的按钮，只要 i 小于 5 就一直循环代码块。</p>
<button onclick="myFunction()">点击这里</button>
<p id="demo"></p>

<script>
function myFunction()
{
    var x="", i=0;
```

```
        do
        {
            x=x + "The number is " + i + "<br>";
            i++;
        }
        while (i<5)
        document.getElementById("demo").innerHTML=x;
    }
    </script>


</body>
</html>
```

for、while、do…while 三种循环语句具有基本相同的功能，在实际编程过程中，应根据实际需要，本着使程序简单易懂的原则选择使用哪种循环语句。

2.3.6 使用 break 和 continue 进行循环控制

在循环语句中，某些情况下需要跳出循环或者跳过循环体内剩余语句，而直接执行下一次循环，此时需要通过 break 和 continue 语句来实现。break 语句的作用是立即跳出循环，continue 语句的作用是停止正在进行的循环，而直接进入下一次循环。考察如下测试代码：

```
<script language="JavaScript" type="text/javascript">
    var msg="\n 使用 break 和 continue 控制循环：\n\n";
    //响应按钮的 onclick 事件处理程序
    function Test()
    {
        var n=-1;
        var iArray=["YSQ","JHX","QZY","LJY","HZF","XGM","LJY","LHZ"];
        var iLength=iArray.length;
        msg+="数组长度：\n "+iLength+"\n";
        msg+="数组元素：\n";
        while(n<iLength)
        {
            n+=1;
            if(n==3)
                continue;
            if(n==6)
                break;
```

```
            msg+="iArray["+n+"] = "+iArray[n]+"\n";
        }
        alert(msg);
    }
</script>
<input type=button value="测试" onclick="Test()">
```

程序运行后，在原始页面中单击"测试"按钮，弹出警告框如图 2-12 所示。

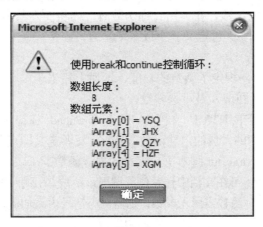

图 2-12

从图 2-12 的结果可以看出：

当 n=3 时，跳出当前循环而直接进行下一个循环，故 iArray[3]不进行显示；

当 n=6 时，直接跳出 while 循环，不再执行余下的循环，故 iArray[5]之后的数组元素不再进行显示。

在编写 JavaScript 脚本代码过程中，应根据实际需要来选择使用哪一种循环语句，并确保在使用了循环控制语句 continue 和 break 后，循环不出现任何差错。

2.4 函　　数

JavaScript 脚本语言允许开发者通过编写函数的方式组合一些可重复使用的脚本代码块，增加脚本代码的结构化和模块化。函数通过参数接口进行数据传递，以实现特定的功能。本小节将重点介绍函数的基本概念、组成、全局函数等知识，让大家从头开始学习如何编写执行效率高、代码利用率高、且易于查看和维护的函数。

2.4.1 函数的基本组成

函数由函数定义和函数调用两部分组成。为养成良好的编程习惯，应首先定义函数，然后再进行调用。

函数的定义应使用关键字 function，其语法规则如下：

```
function funcName ([parameters])
{
    statements;
    [return 表达式;]
}
```

函数的各部分含义如下：

funcName 为函数名，函数名可由开发者自行定义，与变量的命名规则基本相同。

parameters 为函数的参数，在调用目标函数时，需将实际数据传递给参数列表以完成函数特定的功能。参数列表中可定义一个或多个参数，各参数之间加","分隔开来。当然，参数列表也可为空。

statements 是函数体，规定了函数的功能，本质上相当于一个脚本程序。

return 指定函数的返回值，是可选参数。

自定义函数一般放置在 HTML 文档的<head>和</head>标记对之间。除了自定义函数外，JavaScript 脚本语言提供大量的内建函数，无需开发者定义即可直接调用，例如 Window 对象的 alert()方法即为 JavaScript 脚本语言支持的内建函数。

函数定义过程结束后，可在文档中任意位置调用该函数。引用目标函数时，只需在函数名后加上小括号即可。若目标函数需引入参数，则需在小括号内添加传递参数。如果函数有返回值，可将最终结果赋值给一个自定义的变量并用关键字 return 返回。考察如下测试代码：

```
<!DOCTYPE html>
<html>
<head>
<script>
function myFunction()
{
    alert("Hello World!");
}
</script>
</head>

<body>
<button onclick="myFunction()">点击这里</button>
</body>
</html>
```

程序运行后，在原始页面单击"点击这里"按钮，弹出警告框如图 2-13 所示。

如果函数中引用的外部函数较多或函数的功能很复杂，势必导致函数代码过长而降低脚本代码可读性，违反了开发者使用函数实现特定功能的初衷。因此，在编写函数时，应尽量保持函数功能的单一性，使脚本代码结构清晰、简单易懂。

第 2 章　JavaScript 语言基础

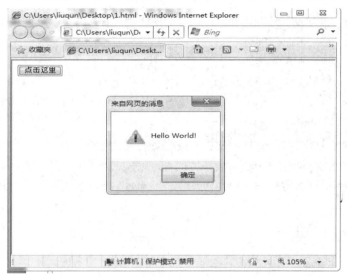

图 2-13

2.4.2　全局函数

JavaScript 脚本语言提供了很多全局(内建)函数，在脚本编程过程中可直接调用。在此介绍四种简单的全局函数：parseInt()、parseFloat()、escape()和 unescape()。

parseInt()函数的作用是将字符串转换为整数；parseFloat()函数的作用是将字符串转换为浮点数；escape()函数的作用是将一些特殊字符转换成 ASCII 码；unescape()函数的作用是将 ASCII 码转换成字符。考察如下测试代码：

```
<script language="JavaScript" type="text/javascript">
var msg="\n 全局函数调用实例：\n\n";
//响应按钮的 onclick 事件处理程序
function Test()
{
  var string1="30121";
  var string2="34.12";
  var string3="Money*#100";
  var temp1,temp2,temp3,temp4;
  msg+="原始变量：\n";
  msg+="string1 = "+string1+"类型："+typeof(string1)+"\n";
  msg+="string2 = "+string2+"类型："+typeof(string2)+"\n";
  msg+="string3 = "+string3+"类型："+typeof(string3)+"\n";
  msg+="执行语句与结果:\n";
  temp1=parseInt(string1);
  temp2=parseInt(string2);
  msg+="语句：parseInt(string1)  结果：string1="+temp1+"类型："+typeof(temp1)+"\n";
```

```
msg+="语句：parseInt(string2)　结果：string1="+temp2+"类型："+typeof(temp2)+"\n";
temp1=parseFloat(string1);
temp2=parseFloat(string2);
msg+="语句: parseFloat(string1)　结果：string1="+temp1+"类型："+typeof(temp1)+"\n";
msg+="语句: parseFloat(string2)　结果：string1="+temp2+"类型："+typeof(temp2)+"\n";
temp3=escape(string3);
msg+="语句: temp3=escape(string3)　结果：temp3="+temp3+"类型："+typeof(temp3)+"\n";
temp4=unescape(temp3);
msg+="语句: temp4=unescape(temp3)　结果：temp4="+temp4+"类型："+typeof(temp4)+"\n";
alert(msg);
}
</script>
<input type=button value="测试" onclick="Test()">
```

程序运行后，在原始页面单击"测试"按钮，弹出警告框如图 2-14 所示。

图 2-14

由程序运行结果可知上述全局函数的具体作用，当然 JavaScript 脚本语言还支持很多其他的全局函数，在编程中适当使用它们可大大提高编程效率。

2.4.3 函数应用注意事项

这里介绍一下在使用函数过程中应特别注意的几个问题，以帮助大家更好、更准确地使用函数，并养成良好的编程习惯。具体为以下几点：

定义函数的位置：如果函数代码较为复杂，函数之间相互调用较多，应将所有函数的定义部分放在 HTML 文档的<head>和</head>标记对之间，既可保证所有的函数在调用之前均已定义，又可使开发者后期的维护工作更为简便。

函数的命名：函数的命名原则与变量的命名原则相同，但尽量不要将函数和变量取同一个名字。如因实际情况需要将函数和变量定义为相近的名字，也应给函数加上可以清楚辨认的字符(如前缀 func 等)以示区别。

函数返回值：在函数定义代码结束时，即使函数不需要返回任何值；也应使用 return 语句返回。

变量的作用域：应区分函数中使用的变量是全局变量还是局部变量，避免调用过程中出现难以检查的错误。

函数注释：在编写脚本代码时，应在适当的地方给代码的特定行添加注释语句，例如将函数的参数数量、数据类型、返回值、功能等注释清楚，既方便开发者对程序的后期维护，也方便其他人阅读和使用该函数，便于模块化编程。

函数参数传递：由于 JavaScript 是弱类型语言，使用变量时并不检查其数据类型，导致一个潜在的威胁，即开发者调用函数时，传递给函数的参数数量或数据类型不满足要求而导致错误的出现。因此在函数调用时，应仔细检查传递给目标函数的参数变量的数量和数据类型。

上 机 2

总目标

(1) 掌握各种运算符的用法。
(2) 熟练掌握 if 语句和 switch 语句的用法。
(3) 掌握各种循环语句的用法。
(4) 熟练掌握函数的定义和调用。

阶段一

上机目的：尝试在 HTML 页面中编写 JavaScript 代码打印九九乘法表。
上机要求：
(1) 在页面编写脚本打印九九乘法表；
(2) 使用嵌套 for 循环进行循环操作；
(3) 使用网页中的转义字符" "输出空格，添加间距；
(4) 使用网页中的
标签实现换行操作；
(5) 保存代码并用浏览器进行测试。

阶段二

上机目的：编写一个函数，接收用户输入的一个整数，输出一个行数为该整数的三角形。
上机要求：
(1) 在页面中编写 JavaScript 脚本；
(2) 使用函数 prompt()接收用户输入的内容，得到三角形的行数；
(3) 通过循环控制输出行；
(4) 通过 document.write 输出内容；
(5) 保存代码并用浏览器进行测试。

阶段三

上机目的：编写一个函数，接收一个整数参数，判断该整数是否为质数。该函数的返回值为布尔值。

上机要求：

(1) 在页面中编写 JavaScript 脚本；
(2) 编写函数接收一个整数，判断该数是否为质数，如果是返回 true，否则返回 false；
(3) 使用 prompt()函数接收用户的输入；
(4) 调用该函数验证用户输入的整数是否为质数；
(5) 通过 alert()函数将结果显示给用户；
(6) 保存代码并用浏览器进行测试。

作 业 2

一、选择题

1. 分析下面的 JavaScript 语句：str="This apple costs"+5+0.5；执行后 str 的结果是_____。

A、"This apple costs"5.5
B、This apple costs50.5
C、"This apple costs"50.5
D、This apple costs5.5

2. JavaScript 的表达式 parseInt("8")+parseInt('8')的结果是_____。

A、8+8
B、88
C、16
D、"8"+'8'

3. 分析下面的 JavaScript 代码段：
var a= [2,3,4,5,6];
sum=0;
for(i=1;i<a.length;i++)
　　sum+=a[i];
document.write(sum);
输出结果是_____。

A、18
B、12
C、20
D、14

4. 下列语句中，_____语句是根据表达式的值进行匹配的，然后执行其中的一个语句块，如果找不到匹配项，则执行默认的语句块。

A、字符串运算符

B、if-else

C、for

D、switch

5. 下列代码能产生_____个输出。

var i = 1;

for(;;i++)

if(i)

  alert(i);

else

  break;

A、19 个

B、无限多个

C、20 个

D、0 个

6. 以下_____是 JavaScript 函数能实现的。

A、返回一个值

B、接收参数

C、处理业务

D、以上都可以

7. 在 JavaScript 中，数组的_____属性能够返回数组元素的个数。

A、length

B、push

C、count

D、size

8. 分析下面的 JavaScript 代码段：

var x = "15";

str = x+5;

a = parseFloat(str);

document.write(a);

执行完的结果是_____。

A、20

B、NaN

C、155

D、20.0

9. 以下 JavaScript 代码中，到第 5 行时，变量 count 的值是_____。

  1 for(var count = 0; ;)

  2   if(count < 10)

```
3        count += 3;
4    else
5        alert(count);
```

A、3

B、12

C、11

D、0

二、简答题

(1) 简述 JavaScript 中运算符有哪几类，分别是什么。

(2) 简述 typeof 运算符的作用。

(3) 简述 continue 和 break 关键字的作用。

(4) 简述函数在使用过程中的注意事项。

三、代码题

利用<hr>标签，通过改变该标签的宽度，编写 JavaScript 脚本代码在页面中打印一个等边三角形，效果如图 2-15 所示。

图 2-15

第 3 章 JavaScript 事件处理

3.1 概　　述

用户可以通过多种方式与浏览器中的页面进行交互，而事件正是作为这种交互的桥梁出现的。Web 应用程序开发人员通过 JavaScript 脚本内置的和自定义的事件处理器来响应用户的动作，从而开发出更具交互性和动态性的页面。

本章主要介绍 JavaScript 中事件处理的概念和方法，列出了 JavaScript 预定义的事件处理器，并且介绍了如何编写用户自定义的事件处理函数，以及如何将它们与页面中用户的动作相关联而得到预期的交互性能。

3.2 什么是事件

广义上讲，JavaScript 中的事件是指用户载入目标页面直到该页面被关闭期间，浏览器的动作及该页面对用户操作的响应。事件的复杂程度大不相同，简单的如鼠标的移动、当前页面的关闭、键盘的输入等，复杂的如拖曳页面图片或单击浮动菜单等。

事件处理器是与特定的文本和特定的事件相联系的 JavaScript 脚本代码，当该文本发生改变或者事件被触发时，浏览器执行该代码并进行相应的处理操作；而响应某个事件进行的处理过程称为事件处理。

下面就是简单的事件触发和处理过程，如图 3-1 所示。

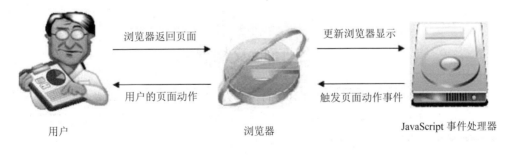

图 3-1

JavaScript 中的事件并不限于用户的页面动作如 MouseMove、Click 等，还包括浏览器的状态改变，如在绝大多数浏览器获得支持的 Load、Resize 事件等。Load 事件在浏览器载入文档时触发，如果某事件(如启动定时器、提前加载图片等)要在文档载入时触发，一般都在<body>标记里面加入类似于 "onload="MyFunction()"" 的语句；Resize 事件则在用户改变了浏览器窗口的大小时触发，当用户改变窗口大小时，需改变文档页面的内容布局，使其以恰当、友好的方式显示给用户。

浏览器响应用户的动作，如鼠标单击按钮、链接等，并可以通过默认的系统事件与该动作相关联，但用户也可以通过编写自己的脚本，来改变该动作的默认事件处理器。举个简单的例子，模拟用户单击页面链接，该事件产生的默认操作是浏览器载入链接的 href 属性对应的 URL 地址所代表的页面，但利用 JavaScript 脚本语言能够很容易地编写另外的事件处理器来响应该单击鼠标的动作。考察如下代码：

```
<a name=MyA href="http://www.baidu.com/"
onclick="javascript:this.href='http://www.sina.com/'">MyLinker</a>
```

鼠标单击页面中名为"MyLinker"的文本链接，其默认操作是浏览器载入该链接的 href 属性对应的 URL 地址(本例中为"http://www.baidu.com/")所代表的页面，但用户编写了自定义的事件处理器即：

```
onclick="javascript:this.href='http://www.sina.com/'"
```

上述事件处理器取代了浏览器默认的事件处理器，将页面引导至 URL 地址为"http://www.sina.com/"指向的页面。

现代事件模型中引入 Event 对象，它包含其他对象使用的常量和方法。当事件发生后，产生临时的 Event 对象实例，并附加当前事件的信息如鼠标定位、事件类型等，然后传递给相关的事件处理器进行处理。事件处理完毕后，该临时 Event 对象实例所占据的内存空间被释放出来，浏览器便可以等待其他事件的出现并进行处理。如果短时间内发生的事件较多，浏览器按事件发生的顺序依次执行。

事件发生的场合很多，包括浏览器自身状态的改变和页面中的按钮、链接、图片、层等。同时根据 DOM 模型，文本也可以作为对象并响应相关动作，如鼠标双击、文本被选择等。事件的处理方法与结果同浏览器环境有很大的关系，但总的来说，浏览器的版本越新，支持的事件处理器就越多、越完善。基于此，在编写 JavaScript 脚本时，要充分考虑浏览器的兼容性，以编写适合大多数浏览器的脚本语言。

3.3 HTML 文档事件

HTML 文档事件包括用户载入目标页面直到该页面被关闭期间，浏览器的动作及该页面对用户操作的响应，其主要分为浏览器事件和 HTML 元素事件两大类。在了解这两类事件之前，先来了解事件绑定的概念。

3.3.1 事件绑定

HTML 文档将元素的常用事件(如 onclick、onmouseover 等)当作属性捆绑在 HTML 元素上，当该元素的特定事件发生时，对应于此特定事件的事件处理器就被执行，并将处理结果返回给浏览器。事件捆绑使得特定的代码被放置在所处对象的事件处理器中。考察如下代码：

```
<a href="http://www.baidu.com/" onclick="javascript:alert('You have Clicked the link! ')">
MyLinker
</a>
```

上述代码为"MyLinker"文本链接定义了一个 Click 事件的处理器，返回警告框"You have Clicked the link!"。

同样，也可将该事件处理器独立出来，编成单独的函数来实现同样的功能。将下列代码加入文档的<body>和</body>标记对之间：

```
<a href="http://www.baidu.com/" onclick="MyClick()">MyLinker</a>
```

自定义的函数 MyClick()实现代码如下：

```
function MyClick()
{
    alert("You have Clicked the link!");
}
```

鼠标单击"MyLinker"链接后，浏览器调用自定义的 Click 事件处理器，并将结果(警告框"You have Clicked the link!")返回给浏览器。由事件处理器的实现形式来看，<a>标记的 onclick 事件与其 href 属性的地位均等，实现了 HTML 中的事件捆绑策略。

3.3.2 浏览器事件

浏览器事件指载入文档直到该文档被关闭期间的浏览器事件，如浏览器载入文档事件 onload、关闭文档事件 onunload、失去焦点事件 onblur、获得焦点事件 onfocus 等。考察如下代码：

```
<script type="text/javascript">
window.onload = function (){
    var msg="\nwindow.load 事件：\n\n";
    msg+=" 浏览器载入了文档!";
    alert(msg);
}
window.onfocus = function (){
    var msg="\nwindow.onfocus 事件：\n\n";
    msg+=" 浏览器取得了焦点!";
    alert(msg);
}
window.onblur = function (){
    var msg="\nwindow.onblur 事件：\n\n";
    msg+=" 浏览器失去了焦点!";
    alert(msg);
```

```
}
window.onscroll = function (){
  var msg="\nwindow.onscroll 事件 : \n\n";
  msg+=" 用户拖动了滚动条!";
  alert(msg);
}
window.onresize = function ()
{
  var msg="\nwindow.onresize 事件 : \n\n";
  msg+=" 用户改变了窗口尺寸!";
  alert(msg);
}
</script>
```

将上述源程序保存为*.html(或*.htm)文档,双击该文档后系统调用默认的浏览器进行浏览。

当载入该文档时,触发 window.load 事件,弹出警告框如图 3-2 所示。

当把焦点给该文档页面时,触发 window.onfocus 事件,弹出警告框如图 3-3 所示。

图 3-2　　　　　　　　　　　　　　图 3-3

当该页面失去焦点时,触发 window.blur 事件,弹出警告框如图 3-4 所示。
当用户拖动滚动条时,触发 window.onscroll 事件,弹出警告框如图 3-5 所示。

图 3-4　　　　　　　　　　　　　　图 3-5

当用户改变文档页面大小时，触发 window.onresize 事件，弹出警告框如图 3-6 所示。

图 3-6

浏览器事件一般用于处理窗口定位、设置定时器或者根据用户喜好设定页面层次和内容等场合，且在页面的交互性、动态性方面使用较为广泛。

3.3.3　HTML 元素事件

页面载入后，用户与页面的交互主要指发生在(如按钮、链接、表单、图片等)HTML 元素上的用户动作，以及该页面对此动作作出的响应上。如简单的鼠标单击按钮事件：元素为 button、事件为 click、事件处理器为 onclick()。了解了该事件的相关信息，程序员就可以编写其接口的事件处理程序(也称事件处理器)，从而实现诸如表单验证、文本框内容选择等功能。

HTML 文档中元素对应的事件因元素类型而异，表 3-1 列出了当前通用版本浏览器上支持的常用事件。

表 3-1

事件触发模型	简　要　说　明
onclick	鼠标单击链接
ondbclick	鼠标双击链接
onmousedown	鼠标在链接的位置按下
onmmouseout	鼠标移出链接所在的位置
onmouseover	鼠标经过链接所在的位置
onmouseup	鼠标在链接的位置放开
onkeydown	键被按下
onkeypress	按下并放开该键
onkeyup	键被松开
onblur	失去焦点
onfocus	获得焦点
onchange	文本内容改变

表 3-1 总结了 JavaScript 定义的通用浏览器常用事件，HTML 文档中事件捆绑特性决定了程序员可以将这些事件当作目标的属性，在使用过程中只需修改其属性值即可。考察如

下文本框各事件的测试代码：

```javascript
<script language="JavaScript" type="text/javascript">
function MyBlur(){
  var msg="\n 文本框 onblur()事件：\n\n";
  msg+=" 文本框失去了当前输入焦点!";
  alert(msg);
}
function MyFocus(){
  var msg="\n 文本框 onfocus()事件：\n\n";
  msg+=" 文本框获得了当前输入焦点!";
  alert(msg);
}
function MyChange(){
  var msg="\n 文本框 onchange()事件：\n\n";
  msg+=" 文本框的内容发生了改变!";
  alert(msg);
}
function MySelect(){
  var msg="\n 文本框 onselect()事件：\n\n";
  msg+=" 选择了文本框中的某段文本!";
  alert(msg);
}
</script>
<input type="text" value="Welcome to JavaScript world!"
  onblur="MyBlur()"
  onfocus="MyFocus()"
  onchange="MyChange()"
  onselect="MySelect()" />
```

程序运行后，根据用户的页面动作触发不同的事件处理器(即对应的函数)。

鼠标点击文本框外的其他文档区域后，文本框失去当前输入焦点，触发 MyBlur()函数，弹出警告框如图 3-7 所示。

图 3-7

鼠标点击文本框后，文本框获得当前输入焦点，触发 MyFocus()函数，弹出警告框如图 3-8 所示。

图 3-8

修改文本框的文本后，鼠标在文本框外文档中任意位置点击，触发 MyBlur()函数的同时，触发 MyChange()函数，弹出警告框如图 3-9 所示。

图 3-9

在文本框获得焦点后，用鼠标选择某段文本，触发 MySelect()函数，弹出警告框如图 3-10 所示。

图 3-10

HTML 元素事件在表单提交、在线办公、防止网站文章被复制、禁止下载网页中图片等方面应用十分广泛，其主要是能有效识别用户的动作并做出相应的反应，如弹出警告框、执行 window.close()方法关闭页面等操作。

3.3.4 获得页面元素

在对事件进行处理之前，我们先来了解一下如何获得页面中的某个特定元素，以便对该元素进行简单的操作。在 HTML4 版本中添加了 HTML 元素的 id 属性来定位文档对象，基本上每一个页面元素都可以设置 id 属性，无论是<p>、<b>标记，或者是表单元素<input>等等，通过调用 document 对象的 getElementById()方法可以获得该元素，语法如下所示：

```
var elm = document.getElementById(id);
```

上述方法以元素的 id 属性值作为参数，返回值则是通过该 id 获得的对应页面元素，接着可以操作该页面元素。

我们来看下面这个简单的例子：

```
<script language="JavaScript" type="text/javascript">
    function changeSize(){
        var inp = document.getElementById("txt");
        inp.size += 5;
    }
</script>
<input id="txt" size="10"/>
<input type="button" value="加长" onclick="changeSize()"/>
```

上述代码中，通过调用 document 对象的 getElementById()方法，传入页面文本框的 id 值 txt，就可以获得该文本框对象，接着将该文本框的 size 属性累加 5，即每点击该按钮一次，该文本框的长度就会加 5。

3.4　JavaScript 如何处理事件

尽管 HTML 事件属性可以将事件处理器绑定为文本的一部分，但其代码一般较为短小，功能较弱，只适用于简单的数据验证、返回相关提示信息等场合。相比较而言，使用 JavaScript 更方便处理各种事件，特别是 Internet Explorer、Netscape Navigator 等浏览器厂商在其第 4 代浏览器中推出更为先进的事件模型后，使用 JavaScript 处理事件显得更加得心应手。

JavaScript 处理事件主要可通过匿名函数、显式声明、手工触发等方式进行，这几种方法在隔离 HTML 文本结构与逻辑关系的程度方面略为不同。

3.4.1　匿名函数

匿名函数的方式即使用 Function 对象构造匿名的函数，并将其方法复制给事件，此时该匿名的函数成为该事件的事件处理器。考察如下代码：

```
<html>
<head>
<title>Sample Page!</title>
</head>
```

第 3 章 JavaScript 事件处理

```html
<body>
<center>
<br>
<p>单击"事件测试"按钮，通过匿名函数处理事件</p>
<form name=MyForm id=MyForm>
<input type=button name=MyButton id=MyButton value="事件测试">
</form>
<script language="JavaScript" type="text/javascript">
    document.getElementById("MyButton").onclick=new Function(){
        alert("Your Have clicked me!");
    }
</script>
</center>
</body>
</html>
```

程序运行结果如图 3-11 所示。

图 3-11

上述代码段中的关键代码为：

```
document.getElementById("MyButton").onclick=new Function(){
    alert("Your Have clicked me!");
}
```

此句是把名为"MyButton"元素的 click 动作的事件处理器设置为新生成的 Function 对象(即该匿名函数)的匿名实例。鼠标单击该按钮后，响应单击事件，返回警告框。

3.4.2 显式声明

设置事件处理器时，也可不使用匿名函数，而是将该事件的处理器设置为已经存在的函数。考察如下代码：

```html
<html>
<head>
<title>Sample Page!</title>
<script language="JavaScript" type="text/javascript">
function MyImageA(){
   document.getElementById("MyPic").src="2.jpg";
}
function MyImageB(){
   document.getElementById("MyPic").src="1.jpg";
}
</script>
</head>
<body>
<center>
<p>在图片内外移动鼠标，图片轮换</p>
<img name="MyPic" id="MyPic" src="1.jpg" width=300 height=200></img>
<script language="JavaScript" type="text/javascript">
   document.getElementById("MyPic").onmouseover=MyImageA;
   document.getElementById("MyPic").onmouseout=MyImageB;
</script>
</center>
</body>
</html>
```

程序运行后即显示图片"1.jpg"如图 3-12 所示。

图 3-12

当鼠标移动到图片区域时，图片发生变化，即显示图片"2.jpg"，如图 3-13 所示。

图 3-13

当鼠标移离图片区域时，显示默认图片"1.jpg"，这样就实现了图片的翻转。可将这种方法扩展，用于多幅新闻图片定时轮流播放的广告模式，具体方法如下：

首先在<head>和</head>标记对之间嵌套 JavaScript 脚本定义两个函数如下：

```
function MyImageA(){
    …
}
function MyImageB(){
    …
}
```

然后通过 JavaScript 脚本代码将<IMG>标记元素的 mouseover 事件的处理器设置为已定义的函数 MyImageA()，将其 mouseout 事件的处理器设置为已定义的函数 MyImageB()，代码如下：

```
document.all.MyPic.onmouseover=MyImageA;
document.all.MyPic.onmouseout=MyImageB;
```

由以上调用过程可以看出，通过显式声明的方式定义事件的处理器代码紧凑、可读性强，且对显式声明的函数没有任何限制，还可将该函数作为其他事件的处理器。较之匿名函数的方式更为实用。

3.4.3 手工触发

手工触发事件的原理相当简单，就是通过其他元素的方法来触发一个事件，而不需要通过用户的动作来触发该事件。在上一节源程序代码段的</script>和</center>标记之间插入如下代码：

```
<form name="MyForm" id="MyForm">
  <input type=button name=MyButton id=MyButton value="测试"
  onclick="document.getElementById('MyPic').onmouseover();"
  onblur="document.getElementById('MyPic').onmouseout();">
<form>
```

保存文件，程序运行后显示默认图片"1.jpg"；单击"测试"按钮，将显示图片"2.jpg"，如图 3-13 所示；按钮失去焦点后，图片发生变化，显示图片"1.jpg"，如图 3-12 所示。

如果某个对象的事件有其默认的处理器，此时再设置该事件的处理器，将有可能出现意外的情况。考察如下代码：

```
<script language="JavaScript" type="text/javascript">
function MyTest(){
  var msg="默认提交与其他提交方式返回不同的结果：\n\n";
  msg+=" 点击"测试"按钮,直接提交表单.\n";
  msg+=" 点击"确认"按钮,触发 onsubmit()方法,然后提交表单.\n";
  alert(msg);
}
</script>
<form id=MyForm1 onsubmit="MyTest()" action="target.html">
<input type=button value="测试" onclick="document.getElementById('MyForm1').submit();">
<input type=submit value="确认">
```

程序运行后，单击"测试"按钮，触发表单的提交事件，并直接将表单提交给目标页面"target.html"；单击表单默认触发提交事件的"确认"按钮，将弹出如图 3-14 所示的警告框，单击"确认"按钮后，将表单提交给目标页面"target.html"。

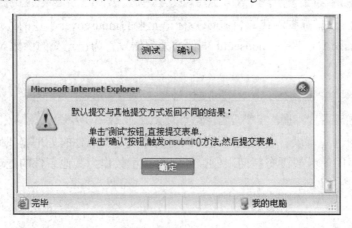

图 3-14

注意：使用 JavaScript 设置事件处理器时要分外小心，因为 JavaScript 事件处理器是大小写敏感的。设置目标对象中并不存在事件的处理器将会给对象添加一个新的属性，而调用目标对象中并不存在的属性一般将会导致页面运行错误。

3.5 事件处理器设置的灵活性

由于 HTML 可以将事件看成对象的属性，通过给该属性赋值的方式来改变事件的处理器，这使得使用 JavaScript 设置事件处理器有了很大的灵活性。考察如下实例：

```
<script type="text/javascript">
//设置事件处理器 MyHandlerA
function MyHandlerA(){
  var msg="提示信息：\n\n";
  msg+=" 1、触发该按钮的 Click 事件的处理器 MyHandlerA()!\n";
  msg+=" 2、改变该按钮的 Click 事件的处理器为 MyHandlerB()!\n";
  alert(msg);
  //修改按钮 value 属性
  document.getElementById("MyButton").value="测试按钮：触发事件处理器 B";
  //修改按钮的 Click 事件的处理器为 MyHandlerB
  document.getElementById("MyButton").onclick=MyHandlerB;
}
//设置事件处理器 MyHandlerB
function MyHandlerB(){
  var msg="提示信息：\n\n";
  msg+=" 1、触发该按钮的 Click 事件的处理器 MyHandlerB()!\n";
  msg+=" 2、改变该按钮的 Click 事件的处理器为 MyHandlerA()!\n";
  alert(msg);
  document.getElementById("MyButton").value="测试按钮：触发事件处理器 A";
  document.getElementById("MyButton").onclick=MyHandlerA;
}
</script>
<form name="MyForm">
  <input type="button" id="MyButton" value="测试按钮：触发事件处理器 A">
  <br>
</form>
<script language="JavaScript" type="text/javascript">
  //设置按钮的 Click 事件的初始处理器为 MyHandlerA
  document.getElementById("MyButton").onclick=MyHandlerA;
</script>
```

程序运行后，单击"测试按钮：触发事件处理器 A"按钮，弹出警告框如图 3-15 所示。

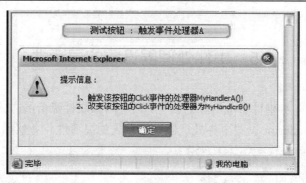

图 3-15

在上述警告框中单击"确定"按钮后,返回原始页面,更改按钮的 value 属性为"测试按钮:触发事件处理器 B"。继续单击该按钮后,弹出警告框如图 3-16 所示。

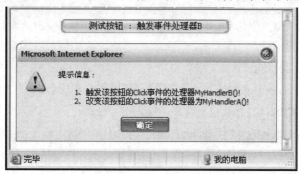

图 3-16

在上述警告框中单击"确定"按钮后,返回原始页面,更改按钮的 value 属性为"测试按钮:触发事件处理器 A",继续操作可以实现过程循环。

由程序结果可见,其主要过程分为 4 步:

(1) 文档载入后,通过属性赋值的方式将按钮的 Click 事件默认的事件处理器设置为 MyHandlerA,代码如下:

document.getElementById("MyButton").onclick=MyHandlerA;

(2) 单击按钮后,触发 Click 事件当前的事件处理器 MyhandlerA,后者返回提示信息并将按钮的 value 属性更改,同时将其 Click 事件当前的事件处理器设置为 MyhandlerB,代码如下:

document.getElementById("MyButton").value="测试按钮:触发事件处理器 A";
document.getElementById("MyButton").onclick=MyHandlerA;

(3) 在提示页面单击"确定"按钮返回原始页面后,再次单击按钮,触发 Click 事件当前的事件处理器 MyhandlerB,后者返回提示信息并将按钮的 value 属性更改,同时将其 Click 事件当前的事件处理器设置为 MyhandlerA,代码如下:

document.getElementById("MyButton").value="测试按钮:触发事件处理器 B";
document.getElementById("MyButton").onclick=MyHandlerB;

(4) 在提示页面单击"确定"按钮返回原始页面后,返回步骤(2)。

在 JavaScript 中根据复杂的客户端环境及时更改事件的处理器,可大大提高页面的交互能力。

值得注意的是,给对象的事件属性赋值为事件处理函数时,后者要省略函数后面的括号,且对象和函数要在显式赋值语句之前定义。

3.6 IE 中的 Event 对象

由于 IE 中文档的每个元素都作为一个对象而存在,因而增加了事件发生的概率和可用的事件数目。当事件发生的时候,浏览器创建全局的 Event 对象,并使它为合适的事件处理器所用。

3.6.1 对象属性

IE 中的 Event 对象提供非常丰富的属性供脚本程序员调用,如事件发生的原始对象、相对位置等,其常见属性及功能介绍如表 3-2 所示。

表 3-2

属　　性	简　要　说　明
altkey、crlkey、shiftkey	设置为 true 或者 false,表示事件发生时是否按下 Alt、Ctrl 和 Shift 键
buttton	发生事件时鼠标所按下的键(0 表示无,1 表示左键,2 表示右键,4 表示中键)
cancelBubble	设置为 true 或者 false,表示是取消还是启用事件上溯
clientX、clientY	光标相对于事件所在 Web 页面的水平和垂直位置(像素)
keyCode	表示所按键的 Unicode 键盘内码
offsetX、offsetY	光标相对于事件所在容器的水平和垂直位置(像素)
returnValue	设置为 true 或 false,表示事件处理器的返回值
screenX、screenY	光标相对于屏幕的水平和垂直位置(像素)
srcElement	表示发生事件的原始对象
type	指明发生事件的类型
x、y	光标相对于事件所在文档的水平和垂直位置(像素)

理解了事件与其处理器之间交互时 Event 对象携带的信息以及其全局特性,就很容易通过调用对象属性的方式根据需要获取事件发生的诸多信息。考察如下获取事件发生相对位置等信息的代码:

```
<script language="JavaScript" type="text/javascript">
var msg="";
msg+="Click 事件发生后创建的 Event 对象信息:\n\n";

function MyAlert(){
```

```
    msg+="发生事件的类型  :\n";
    msg+=" type = " +event.type+ "\n\n";
    msg+="发生事件的原始对象  :\n";
    msg+=" target = " +event.srcElement+ "\n\n";
    msg+="光标相对于事件所在文档的水平和垂直位置(像素) :\n";
    msg+=" x = " +event.x+ " y = " +event.y+ "\n\n";
    msg+="光标相对于事件所在容器的水平和垂直位置(像素) :\n";
    msg+=" x = " +event.offsetX+ " y = " +event.offsetY+ "\n\n";
    msg+="光标相对于事件所在屏幕的水平和垂直位置(像素) :\n";
    msg+=" x = " +event.screenX+ " y = " +event.screenY+ "\n\n";
    msg+="光标相对于事件所在 Web 页面的水平和垂直位置(像素) : \n";
    msg+=" x = " +event.clientX+ " y = " +event.clientY+ "\n";
    alert(msg);
}
</script>
<body onclick="MyAlert();">
<table>
    <tr>
        <td>
            <p>Click the<em>EM text</em>to Test!</p>
        <td>
    <tr>
</table>
</body>
```

程序运行后，鼠标单击文档中文本段的任何一个位置，弹出包含当前发生事件信息的警告框如图 3-17 所示。

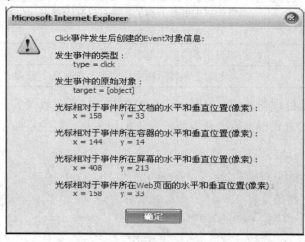

图 3-17

在 IE 中,任何事件发生后生成的 Event 对象对该文档而言是透明的,可将其看成是全局变量使用,即在文档任何地方都不需通过传入参数的方式来调用。该变量生成于其对应的事件发生之时,且在文档被浏览器关闭时对象所占据的内存空间被释放出来。

3.6.2 事件冒泡

IE 中的大部分事件会沿着关系树上溯(Bubble,也称冒泡),在继承关系的每一层如果存在合适的事件处理器则调用,不存在则继续上溯,直至上升到关系树的顶端或者被某个层所取消,但不支持上溯的事件仅能调用当前事件发生的原始对象那个层次上可用的事件处理器。

下面来看一个事件冒泡的例子:

```
<script language="JavaScript" type="text/javascript">
var msg="";
msg+="事件上溯结果:\n\n";
msg+="Click 事件开始:\n\n";
function MyAlert(){
    msg+="Click 事件结束:\n";
    alert(msg);
}
</script>
<body onclick="javascript:msg+='-->事件定位于 Body,转向下面事件\n\n';MyAlert();">
<table onclick="javascript:msg+='-->事件定位于 Table,转向下面事件\n\n'">
    <tr onclick="javascript:msg+='-->事件定位于 Tr,转向下面事件\n\n'">
        <td onclick="javascript:msg+='-->事件定位于 Td,转向下面事件\n\n'">
            <p onclick="javascript:msg+='-->事件定位于 p,转向下面事件\n\n'">
            Click the
            //事件发生的原始对象
                <em onclick="javascript:msg+='-->事件定位于 em,转向下面事件\n\n'">
                    EM text
                </em>
            to Test!
            </p>
        </td>
    </tr>
</table>
</body>
```

程序运行后,鼠标点击页面中 "EM text" 字符,弹出对话框如图 3-18 所示。

基于任务驱动模式的 JavaScript 程序设计案例教程

图 3-18

可以清楚看出 Click 事件由<em>标记处开始触发，然后按标记的层次顺序上溯至<p>、<td>、<tr>、<table>和<body>，直至 Document 对象，但并不上溯到 Window 对象。

3.6.3 阻止事件冒泡

IE 中的事件严格按照文档中元素对象的层次关系上溯，而不管实际应用中是否需要将该事件上溯到对象关系中特定的层次。为达到在对象关系中指定层次中断事件上溯的目的，程序员可设置 Event 对象的 cancleBubble 属性为 true 来实现。

参考下面的示例代码：

```
<script language="JavaScript" type="text/javascript">
var msg="";
msg+="阻止事件上溯结果:\n\n";
msg+="Click 事件开始:\n\n";
function MyAlert(){
    msg+="Click 事件结束:\n";
    alert(msg);
}
</script>

<body onclick="msg+='-->事件定位于 Body,转向下面事件\n\n'">
<table onclick="msg+='-->事件定位于 Table,转向下面事件\n\n'">
  <tr onclick="msg+='-->事件定位于 Tr,事件停止上溯\n\n';event.cancelBubble=true;">
    <td onclick="msg+='-->事件定位于 Td,转向下面事件\n\n'">
```

```
        <p onclick="msg+='-->事件定位于p,转向下面事件\n\n'">
        Click the
        <em onclick="msg+='-->事件定位于em,转向下面事件\n\n'">EM text</em>
        to Test!
        </p>
      </td>
    </tr>
</table>
测试方法:<br>
1、点击文本中斜体字符串;<br>
2、鼠标单击"测试"按钮.<br>
<input type=button value="测试" onclick="MyAlert()">
```

程序运行后,单击页面中的"EM text"文本段,然后单击"测试"按钮,弹出对话框如图 3-19 所示。

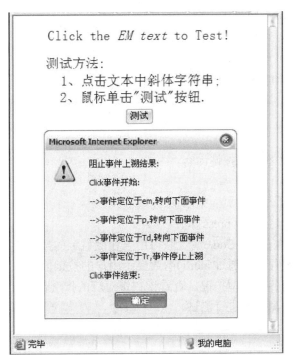

图 3-19

可以看出,Click 事件由<em>、<p>、<td>标记对象上溯到<tr>后中止,而不像上一节源程序的运行结果那样,事件从<em>标记对象开始上溯到<body>为止。

上述代码段中的关键语句为:

```
<tr onclick="msg+='-->事件定位于 Tr,事件停止上溯\n\n';event.cancelBubble=true;">
```

当 Click 事件上溯到<tr>标记后,执行当前的事件处理器 onclick(),后者首先更新输出信息，然后设置 Event 对象的 cancelBubble 属性为 true，代码如下：

event.cancelBubble=true;

程序结果显示，在对象模型某层次设置 Event 对象的 cancelBubble 属性后，事件的上溯过程被中断，达到阻止事件上溯的目的。

IE 中的事件模型为很经典的模型架构，通过其提供的诸多属性，脚本程序员很容易把握其事件的触发机制，编制出高质量的事件控制脚本。

注意：事件冒泡、阻止事件冒泡等特性在目前的 IE 浏览器(包括以其为核心的浏览器)版本中仍然适用。

上 机 3

总目标

(1) 理解 JavaScript 中事件的概念。
(2) 掌握 HTML 文档事件。
(3) 掌握 JavaScript 中的事件处理。
(4) 掌握 IE 中 Event 对象的使用。
(5) 理解事件冒泡机制。

阶段一

上机目的：显示文本框的按键内容。

上机要求：

(1) 新建 HTML 页面，在页面中添加一个文本框；
(2) 为该文本框绑定 onkeypress 事件；
(3) 通过 event 对象的 keyCode 属性获得用户在键盘上的按键值；
(4) 在该事件处理程序中通过 alert()函数显示用户的按键值；
(5) 敲击键盘上的各种类型按键，查看该按键对应的按键值；
(6) 保存代码并用浏览器进行测试。

阶段二

上机目的：为页面中的五个按钮绑定同一个事件处理函数，在事件处理函数中显示被点击按钮的文本内容，要求用两个方法实现。

上机要求：

方法一步骤：

(1) 新建 HTML 页面，在页面中添加五个按钮，这五个按钮的文本内容不一样；
(2) 为这五个按钮分别设定 id 属性；
(3) 为这五个按钮绑定 onclick 事件，事件处理函数中接收一个参数，该参数为此按钮的

id 属性值；例如：<input type="button" id="btn1" value="button1" onclick="doClick('btn1') "/>

(4) 在页面中插入 JavaScript 代码，编写事件处理函数，事件处理函数接收点击按钮的 id 属性值作为参数；

(5) 在事件处理函数中通过调用 document 对象的 getElementById()方法获得该元素；

(6) 通过 alert()函数显示该元素的 value 属性值即可；

(7) 保存代码并用浏览器进行测试。

方法二步骤：

(1) 新建 HTML 页面，在页面中添加五个按钮，这五个按钮的文本内容不一样；

(2) 为这五个按钮绑定 onclick 事件，指向同一个事件处理程序；

(3) 在页面中插入 JavaScript 代码，编写事件处理函数；

(4) 在事件处理函数中，通过 event 对象的 srcElement 属性获得事件源对象，即当前所点击的按钮对象；

(5) 通过 alert()函数显示该按钮对象的 value 属性值即可；

(6) 保存代码并用浏览器进行测试。

作 业 3

一、选择题

1. 如下代码片断的作用是：_____。

    <a href="javascript:close();">点我看看 </a>

    A、关闭当前窗口

    B、弹出提示窗口

    C、刷新当前窗口

    D、重载当前窗口

2. 网页编程，可以用下例的_____语言来实现。

    A、TCP/IP

    B、WWW

    C、HTML

    D、HTTP

3. 不能够返回键盘上的按键所对应字符的事件是_____。

    A、onMouseOver

    B、onKeyDown

    C、onKeyPress

    D、onKeyUp

4. 用户更改表单元素 select 中的值时，就会调用_____事件处理程序。

    A、onClick

    B、onChange

    C、onMouseOver

D、onFocus

5. 当按下键盘上的 A 键后，使用 onKeyDown 事件，event.keyCode 的结果是_____。

A、10

B、13

C、97

D、65

6. 分析下面的 JavaScript 代码段：

var　s1 = 15;

var　s2 = "string";

if(isNaN(s1))

　　document.write(s1);

if(isNaN (s2))

　　document.write(s2);

输出的结果是_____。

A、15

B、15 string

C、string

D、不打印任何信息

7. 在当前页面的同一目录下有一名为 show.js 的文件，下列_____代码可以正确访问该文件。

A、<script runat="show.js"></script>

B、<script src="show.js"></script>

C、<script language="show.js"></script>

D、<script type="show.js"></script>

8. 要求用 JavaScript 实现下面的功能：

在一个文本框中内容发生改变后，单击页面的其他部分将弹出一个消息框显示文本框中的内容。

下面语句正确的是_____。

A、<INPUT TYPE="text" onChange="alert(text.value)"/>

B、<INPUT TYPE="text" onChange="alert(this.value)"/>

C、<INPUT TYPE="text" onClick="alert(this.value)"/>

D、<INPUT TYPE="text" onClick="alert(value)"/>

9. 分析下面 JavaScript 的代码段：

<FORM>

<INPUT TYPE="text" name="Text1" value="Text1">

<INPUT　TYPE="text"　name="Text2"　value="Text2"　onFocus=alert("我是焦点") onBlur=alert("我不是焦点！")>

</FORM>

下面的说法正确的是_____。(选择两项)

A、假如现在输入光标在 Text1 上,用鼠标单击页面上除 Text2 以外的其他部分时,弹出"我不是焦点!"消息框

B、假如现在输入光标在 Text2 上,用鼠标单击页面的其他部分时,弹出"我不是焦点!"消息框

C、当用鼠标选中 Text2 时,弹出"我是焦点"消息框,再用鼠标选中 Text1 文本框时,弹出"我不是焦点!"消息框

D、当用鼠标选中 Text1 时,弹出"我是焦点"消息框,再用鼠标选中 Text2 文本框时,弹出"我不是焦点!"消息框

二、简答题

(1) 简述什么是事件。
(2) 列举几个常用的浏览器事件。
(3) 列举几个常用的 HTML 元素事件。
(4) 简述 JavaScript 如何处理事件。
(5) 简述 IE 中的 Event 对象常用属性。

三、代码题

编写 HTML 页面,在页面中添加一个复选框和一个按钮,分别为其添加 id 属性,按钮默认为禁用状态,复选框默认为未选中状态。在页面的 load 事件中动态为该复选框绑定点击事件,该事件处理函数需要完成的功能是:如果该复选框为选中状态,则启用该按钮,如果取消复选框的选中状态,则禁用该按钮。

第 4 章 文档对象模型(DOM)

4.1 概 述

文档对象模型(Document Object Model 简称 DOM),最初是 W3C 为了解决浏览器混战时代,不同浏览器环境之间的差别而制定的模型标准,主要针对 IE 和 Netscape Navigator。W3C 解释为:文档对象模型(DOM)是一个能够让程序和脚本动态访问和更新文档内容、结构和样式的语言平台,提供标准的 HTML 和 XML 对象集,并有一个标准的接口来访问并操作它们。它使得程序员可以很快捷地访问 HTML 或 XML 页面上的标准组件,如元素、样式表、脚本等并作相应的处理。DOM 标准推出之前,创建前端 Web 应用程序都必须使用 Java Applet 或 ActiveX 等复杂的组件,现在基于 DOM 规范,在支持 DOM 的浏览器环境中,Web 开发人员可以很快捷、安全地创建多样化、功能强大的 Web 应用程序。本章只讨论 HTML DOM。

4.2 DOM 概述

文档对象模型定义了 JavaScript 可以进行操作的浏览器,描述了文档对象的逻辑结构及各功能部件的标准接口。主要包括如下方面:
- 核心 JavaScript 语言参考(数据类型、运算符、基本语句、函数等);
- 与数据类型相关的核心对象(String、Array、Math、Date 等数据类型);
- 浏览器对象(window、location、history、navigator 等);
- 文档对象(document、images、form 等)。

JavaScript 使用两种主要的对象模型:浏览器对象模型(BOM)和文档对象模型(DOM),前者提供了访问浏览器的各个功能部件,如浏览器窗口本身、浏览历史等的操作方法;后者则提供了访问浏览器的窗口内容,如文档、图片等各种 HTML 元素以及这些元素包含的文本的操作方法。

DOM 不同版本的存在给客户端程序员带来了很多的挑战,编写当前浏览器中最新对象模型支持的 JavaScript 脚本相对比较容易,但如果使用早期版本的浏览器访问这些网页,将会出现不支持某种属性或方法的情况。如果要使设计的网页能运行于绝大多数浏览器中,显而易见将是个难题。因此,W3C DOM 对这些问题做了一些标准化工作,新的文档对象模型继承了许多原始的对象模型,同时还提供了文档对象引用的新方法。

4.2.1 IE 中的 DOM 实现

IE3 是 IE 家族较早支持文档对象模型的浏览器,其对象模型基于最早的基本对象模型,但是扩展了几个属性，如 frame[]数组等。IE 中对象模型如图 4-1 所示。

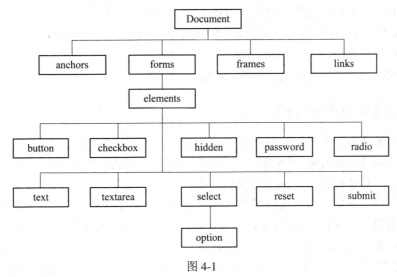

图 4-1

IE4 时代，JavaScript 被广泛地运用于 Web 应用程序来实现网页的动态效果，同时它将每个 HTML 元素都表示为对象。在后续的 IE 版本中，扩展了许多新的 document 对象特性，比如 all[]、images[]等数组属性，使得页面的操作更加灵活和方便。

IE5 文档对象模型与 IE4 极其相似，但对 IE4 进行了功能扩展，增加了对象的可用属性和方法，使得它更为强大，具有更强的文档操作能力。同时，IE5 中的事件处理器数目也大大增加，达到 40 多种，从专门的鼠标和键盘事件到进行剪贴、复制的事件。

IE5.5、6、7 在 IE4 文档对象模型的基础上，在实现 W3C DOM 规范的同时，继续添加只能在 IE 内核浏览器中运行的功能部件，包括新的属性、方法和事件处理程序。从 IE6 开始，文档对象模型完全符合了 CSS1 和 DOM Level 1 标准。

较之其他浏览器，IE 对 W3C DOM 标准贯彻得不是很完全，尚有许多有待完善的地方。

4.2.2 W3C DOM

客户端 Web 应用程序开发人员面对的最大障碍在于 DOM 有很多不同的版本，同时在浏览器版本更替过程中，对象模型又不是统一的，如果需要在不同浏览器环境中运行该网页，将会发现对象的很多属性或方法，甚至某些对象都不起作用。W3C 文档对象模型(DOM)是一个中立的接口语言平台，为程序以及脚本动态地访问和更新文档内容，并为结构以及样式提供一个通用的标准。它将把整个页面(HTML 或 XML)规划成由节点分层构成的文档，页面的每个部分都是一个节点的衍生物，从而使开发者对文档的内容和结构具有控制力，用 DOM API 可以轻松地删除、添加和替换指定的节点。

DOM 规范必须适应 HTML 的已知结构，同时适应 XML 文档的未知结构。DOM 的概念主要有：

核心 DOM：指定类属类型，将带有标记的文档看成树状结构并据此对文档进行相关操作。

DOM 事件：包括使用者熟悉的鼠标、键盘事件，同时包括 DOM 特有的事件，当操作文档对象模型中的各元素对象时发生。

HTML DOM：提供用于操作 HTML 文档以及类似于 JavaScript 对象模型语法的功能部件，在核心 DOM 的基础上支持对所有 HTML 元素对象进行操作。

XML DOM：提供用于操作 XML 文档的特殊方法，在核心 DOM 的基础上支持对 XML 元素如进程指导、名称空间、CDATA 扇区项等的操作。

DOM CSS：提供脚本编程实现 CSS 的接口。

4.2.3 文档对象的产生过程

在面向对象或基于对象的编程语言中，指定对象的作用域越小，对象位置的假定也就越多。对客户端 JavaScript 脚本而言，其对象一般不超过浏览器，脚本不会访问计算机硬件、操作系统、其他程序等超出浏览器的对象。

HTML 文档载入时，浏览器解释其代码，当遇到自身支持的 HTML 元素对象对应的标记时，就按 HTML 文档载入的顺序在内存中创建这些对象，而不管 JavaScript 脚本是否真正运行这些对象。对象创建后，浏览器为这些对象提供专供 JavaScript 脚本使用的可选属性、方法和处理程序。通过这些属性、方法和处理程序，Web 开发人员就能动态操作 HTML 文档内容，下面代码演示如何动态改变文档的背景颜色。

```
<html>
<head>
<script language="javascript">
function changeBgClr(value){
    document.body.style.backgroundColor=value;
}
</script>
</head>
<body>
  <input type=radio value=red onclick="changeBgClr(this.value)">red
  <input type=radio value=green onclick="changeBgClr(this.value)">green
  <input type=radio value=blue onclick="changeBgClr(this.value)">blue
</body>
</html>
```

其中 document.body.style.backgroundColor 语句表示访问当前 document 对象固有子对象 body 的样式子对象 style 的 backgroundColor 属性。

注意：如果创建一个多框架页面，则直到浏览器载入所有框架时，某个框架内的脚本才能与其他框架进行通信。

4.3 对象的属性和方法

DOM 将文档表示为一棵枝繁叶茂的家谱树，如果把文档元素想象成家谱树上的各个节点的话,可以用同样的记号来描述文档结构模型,在这种意义上讲,将文档看成一棵"节点树"更为准确。在充分认识这棵树之前,先来了解节点的概念。

4.3.1 什么是节点

所谓节点(node),表示某个网络中的一个连接点,换句话说,网络是节点和连线的集合。在 W3C DOM 中,每个容器、独立的元素或文本块都被看成一个节点,节点是 W3C DOM 的基本构建块。当一个容器包含另一个容器时,对应的节点之间有父子关系。同时该节点树遵循 HTML 的结构化本质,如<html>元素包含<head>、<body>,前者又包含<title>,后者包含各种块元素等。DOM 中定义了 HTML 文档中 6 种相关节点类型。所有支持 W3C DOM 的浏览器(IE5+, Moz1 和 Safari 等)都实现了前 3 种常见的类型,其中 Moz1 实现了所有类型。如表 4-1 所示。

表 4-1

节点类型数值	节点类型	附加说明	实　例
1	元素(Element)	HTML 标记元素	<h1>...</h1>
2	属性(Attribute)	HTML 标记元素的属性	color="red"
3	文本(Text)	被 HTML 标记括起来的文本段	Hello World!
8	注释(Comment)	HTML 注释段	<!--Comment-->
9	文档(Document)	HTML 文档根文本对象	<html>
10	文档类型(DocumentType)	文档类型	<!DOCTYPE HTML PUBLIC "...">

具体来讲,DOM 节点树中的节点有元素节点、文本节点和属性节点等三种不同的类型,具体介绍如下:

1. 元素节点(element node)

在 HTML 文档中,各 HTML 元素如<body>、<p>、<ul>等构成文档结构模型的一个元素对象。在节点树中,每个元素对象又构成了一个节点。元素可以包含其他的元素,例如下面的"购物清单"代码:

```
<ul id="purchases">
  <li>Beans</li>
  <li>Cheese</li>
  <li>Milk</li>
</ul>
```

所有的列表项元素<li>都包含在无序清单元素<ul>内部。其中节点树中<html>元素是节点树的根节点。

2. 文本节点(text node)

在节点树中,元素节点构成树的枝条,而文本则构成树的叶子。如果一份文档完全由空白元素构成,它将只有一个框架,本身并不包含什么内容。没有内容的文档是没有价值的,而绝大多数内容由文本提供。在下面语句中包含"Welcome to"、"DOM"、"World!"三个文本节点。

```
<p>Welcome to<em> DOM </em>World! </p>
```

在 HTML 中,文本节点总是包含在元素节点的内部,但并非所有的元素节点都包含或直接包含文本节点,如"购物清单"中,<ul>元素节点并不包含任何文本节点,而是包含着另外的元素节点,而在这些另外的元素节点中包含着文本节点。所以说,有的元素节点只是间接包含文本节点。

3. 属性节点(attribute node)

HTML 文档中的元素或多或少都有一些属性,便于准确、具体地描述相应的元素以及进行进一步的操作,例如:

```
<h1 class="Sample">Welcome to DOM World! </h1>
<ul id="purchases">…</ul>
```

这里 class="Sample"、id="purchases"都属于属性节点。因为所有的属性都是放在元素标签里,所以属性节点总是包含在元素节点中。

注意:并非所有的元素都包含属性,但所有的属性都被包含在元素里。

4.3.2 对象属性

属性一般定义对象的当前设置,反映对象的可见属性,如 checkbox 的选中状态;也可能是不很明显的信息,如提交 form 的动作和方法。在 DOM 模型中,文档对象有许多初始属性,可以是一个单词、数值或者数组,也可以是来自于产生对象的 HTML 标记的属性设置。如果标记没有显式设置属性,则浏览器使用默认值来给标记的属性和相应的 JavaScript 文本属性赋值。DOM 文档对象主要有如下重要属性,如表 4-2 所示。

表 4-2

节点属性	附 加 说 明
nodeName	返回当前节点名字
nodeValue	返回当前节点的值,仅对文本节点
nodeType	返回与节点类型相对应的值
parentNode	引用当前节点的父节点,如果存在的话
childNodes	访问当前节点的子节点集合,如果存在的话
firstChild	对标记的子节点集合中第一个节点的引用,如果存在的话
lastChild	对标记的子节点集合中最后一个节点的引用,如果存在的话
previousSibling	对同属一个父节点的前一个兄弟节点的引用
nextSibling	对同属一个父节点的下一个兄弟节点的引用
attributes	返回当前节点(标记)属性的列表
ownerDocument	指向包含节点(标记)的 HTML document 对象

注意：firstchild 和 lastchild 指向当前标记的子节点集合内的第一个和最后一个子节点，但是多数情况下使用 childNodes 集合，用循环遍历子节点。如果没有子节点，则 childNodes 长度为 0。

例如下面 HTML 语句：

```
<p id="p1">Welcome to<B> DOM </B>World! </p>
```

可以用如图 4-2 的节点树表示，并标出节点之间的关系。

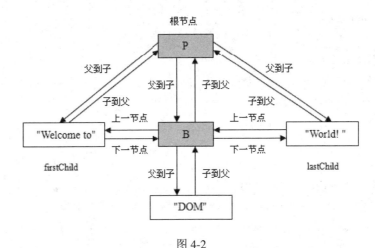

图 4-2

下面的代码演示如何在节点树中按照节点之间的关系检索出各个节点。

```
<html>
<head>
<title> First Page!</title>
</head>
<body>
<p id="p1">Welcome to<B> DOM </B>World! </p>
<script language="JavaScript" type="text/javascript">
　//输出节点属性
　function nodeStatus(node){
　　　var temp="";
　　　if(node.nodeName!=null){
　　　　　temp+="nodeName: "+node.nodeName+"\n";
　　　}else{
　　　　　temp+="nodeName: null!\n";
　　　}
　　　if(node.nodeType!=null){
　　　　　temp+="nodeType: "+node.nodeType+"\n";
　　　}else{
```

```javascript
                temp+="nodeType: null\n";
            }
            if(node.nodeValue!=null){
                temp+="nodeValue: "+node.nodeValue+"\n\n";
            }else{
                temp+="nodeValue: null\n\n";
            }
            return temp;
        }
        //处理并输出节点信息
        //返回 id 属性值为 p1 的元素节点
        var currentElement=document.getElementById('p1');
        var msg=nodeStatus(currentElement);
        //返回 p1 的第一个孩子，即文本节点"Welcome to"
        currentElement=currentElement.firstChild;
        msg+=nodeStatus(currentElement);
        //返回文本节点"Welcome to"的下一个同父节点，即元素节点 B
        currentElement=currentElement.nextSibling;
        msg+=nodeStatus(currentElement);
        //返回元素节点 B 的第一个孩子，即文本节点"DOM"
        currentElement=currentElement.firstChild;
        msg+=nodeStatus(currentElement);
        //返回文本节点"DOM"的父节点，即元素节点 B
        currentElement=currentElement.parentNode;
        msg+=nodeStatus(currentElement);
        //返回元素节点 B 的同父节点，即文本节点"Welcome to"
        currentElement=currentElement.previousSibling;
        msg+=nodeStatus(currentElement);
        //返回文本节点"Welcome to"的父节点，即元素节点 P
        currentElement=currentElement.parentNode;
        msg+=nodeStatus(currentElement);
        //返回元素节点 P 的最后一个孩子，即文本节点"World!"
        currentElement=currentElement.lastChild;
        msg+=nodeStatus(currentElement);
        //输出节点属性
        alert(msg);
    </script>
</body>
</html>
```

运行上述代码，结果如图 4-3 所示，null 指某个节点没有对应的属性。

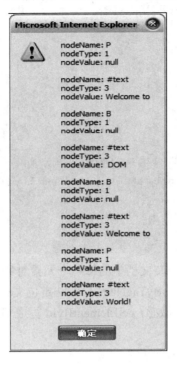

图 4-3

注意：遍历浏览器载入 HTML 文档形成的节点树时，可通过 document.documentElement 属性来定位根节点，即<html>标记。

在准确定位节点树中的某个节点后，就可以使用对象的方法来操作这个节点。下面介绍对象(节点)的操作方法。

4.3.3 对象方法

对象方法是脚本给该对象的命令，可以有返回值，也可没有，且不是每个对象都有方法定义。DOM 中定义了操作节点的一系列行之有效的方法，让 Web 应用程序开发者能够真正做到随心所欲地操作 HTML 文档中各个元素对象。

1. getElementById()方法

该方法返回与指定 id 属性值的元素节点相对应的对象，对应着文档里一个特定的元素节点(元素对象)。该方法是与 document 对象相关联的函数，其语法如下：

document.getElementById(id)

其中 id 为要定位的对象 id 属性值。

下面的例子演示 getElementById( )方法的使用，同时可以看出其返回一个对象(object)，而不是数值、字符串等。

```
<html>
<head>
```

```html
<title> First Page!</title>
</head>
<body>
  <ul id="purchases">
      <li>Beans</li>
      <li>Cheese</li>
      <li>Milk</li>
  </ul>
<script language="JavaScript" type="text/javascript">
  document.write(typeof document.getElementById("purchases"));
</script>
</body>
</html>
```

一般来说，我们不必为 HTML 文档中的每一个元素对象都定义一个独一无二的 id 属性值，也可通过下面的 getElementsByTagName( )方法定位文档中特定的元素。

注意：JavaScript 对大小写敏感，getElementById 写成 GetElementById、getelementById 等都不对。

2. getElementsByTagName()方法

该方法返回文档里指定标签 tag 的元素对象数组，与上述的 getElementById( )方法返回对象不同，且返回的对象数组中每个元素分别对应文档里一个特定的元素节点(元素对象)。其语法如下：

```
element.getElementsByTagName(tag)
```

其中 tag 为指定的标签。下面给出的例子演示该方法返回的是对象数组，而不是对象。

```javascript
var items=document.getElementsByTagName("li");
for(var i=0;i<items.length;i++){
    document.write(typeof item[i]);
}
```

将上述的代码替换前面购物清单<script></script>之间的语句，可以看出该方法返回对象(object)数组，长度为 3。再看下面的代码：

```javascript
var shoplist=document.getElementById("purchases");
var items=shoplist.getElementsByTagName("li");
var i=items.length;
```

以上语句运行后，items 数组将只包含 id 属性值为 purchases 的无序清单里的元素，i 返回 3，与列表项元素个数相同。

由于对象数组中定位对象需要事先知道对象对应的下标号，因此 DOM 提供了直接通过元素对象名称进行访问的方法，即 getElementsByName()方法。

3. getElementsByName()方法

相对于 id 属性值，旧版本的 HTML 文档更习惯于对<form>、<select>等元素节点使用 name 属性。此时需要用到文档对象的 getElementsByName()方法来定位。该方法返回指定名称 name 的节点序列，其语法如下：

```
document.getElementsByName(name)
```

其中 name 为指定要定位的元素对象的名字，下面的代码演示其使用方法。

```
<form>
    <input type="checkbox" name="hobby" value="hobby1"/>hobby1
    <input type="checkbox" name="hobby" value="hobby2"/>hobby2
    <input type="checkbox" name="hobby" value="hobby3"/>hobby3
</form>
<script type="text/JavaScript">
    var MyList=document.getElementsByName("hobby");
    var temp=" ";
    for(var i=0;i<MyList.length;i++){
        temp+="nodeName: "+node.nodeName+"\n";
        temp+="nodeType: "+node.nodeType+"\n";
        temp+="nodeValue: "+node.nodeValue+"\n";
    }
    alert(temp);
</script>
```

在准确定位到特定元素对象后，可通过 getAttribute()方法将它的各种属性值查询出来。

4. getAttribute()方法

该方法返回目标对象指定属性名称的某个属性值。其语法如下：

```
object.getAttribute(attributeName)
```

其中 attributeName 为对象指定要搜索的属性名，下面的代码演示其使用方法。

```
<p title="First Sample">This is the first Sample!</p>
<script language="JavaScript" type="text/javascript">
    var objSample=document.getElementsByTagName("p");
    for(var i=0;i<objSample.length;i++){
        document.write(objSample[i].getAttribute("title"));
    }
</script>
```

上述代码通过 objSample.length 控制循环，遍历整个文档的<p>标记。运行结果显示为"First Sample"。

以上从节点定位到获得其指定的属性值，都只能检索信息。下面介绍指定节点的属性值进行修改的途径：setAttribute( )方法。

5. setAttribute( )方法

该方法可以修改任意元素节点指定属性名称的某个属性值，其语法如下：

```
object.setAttribute(attribute,value)
```

类似于 getAttribute( )方法，setAttribute( )方法也只能通过元素节点对象调用，但是需要传递两个参数为：

(1) attribute：指定目标节点要修改的属性。

(2) value：属性修改的目标值。

下面的代码演示其功能。

```
<ul id="purchases">
    <li>Beans</li>
    <li>Cheese</li>
    <li>Milk</li>
</ul>
<script language="JavaScript" type="text/javascript">
var shoplist=document.getElementById("purchases");
document.write(shoplist.getAttribute("title"));
shoplist.setAttribute("title", "New List");
</script>
```

运行结果显示 null 和 New List，因为 id 属性值为 purchases 的 ul 元素节点的 title 属性在 shoplist.setAttribute("title","New List")代码运行之前根本不存在，所以显示 null；运行后，修改 title 属性为"New List"。这意味着至少完成了两个步骤：

(1) 创建 ul 元素节点的 title 属性；

(2) 设置刚创建的 title 属性值。

当然，如果 title 属性值本来就存在，运行 shoplist.setAttribute("title","New List")后，title 原来的属性值被"New List"覆盖。

注意：通过 setAttribute( )方法对文档做出的修改，将使浏览器窗口的显示效果、行为动作等发生相应的变化，这是一个动态的过程。但是这种修改并不反应到文档本身的物理内容上。这由 DOM 的工作模式决定：先加载文档静态内容，再以动态的方式对文档进行刷新，动态刷新不影响文档的静态内容。客户端用户不需要手动执行页面刷新操作就能动态刷新页面。

6. removeAttribute( )方法

该方法可以删除任意元素节点指定的属性，其语法如下：

```
object.removeAttribute(name)
```

类似于 getAttribute( )和 setAttribute( )方法，removeAttribute( )方法也只能通过元素节点对象调用。其中 name 标示要删除的属性名称，例如：

```
<html>
<head>
<title>Sample Page!</title>
<script language="JavaScript" type="text/javascript">
function TestEvent(){
  document.MyForm.text1.removeAttribute("disabled");
}
</script>
</head>
<body>
<form name="MyForm">
<input type="text" name="text1" value="red" disabled="true"/>
<input type="button" name="MyButton" value="MyTestButton" onclick="TestEvent()"/>
</form>
</body>
</html>
```

运行上述代码，单击"MyTestButton"按钮之前，文本框 text1 显示为只读属性；单击"MyTestButton"按钮后，触发 TestEvent()函数执行核心语句，其语法如下：

document.MyForm.text1.removeAttribute("disabled");

该语句删除 text1 的 disabled 属性，文本框变为可用状态。

4.4 节点处理方法

文本节点具有易于操纵、对象明确等特点，且 DOM Level 1 提供了非常丰富的节点处理方法，具体如表 4-3 所示。

表 4-3

操作类型	方法原型	附 加 说 明
生成节点	createElement(tagName)	创建由 tagName 指定类型的标记
	createTextNode(string)	创建包含字符串 string 的文本节点
	createAttribute(name)	针对节点创建由 name 指定的属性，不常用
	createComment(string)	创建由字符串 string 指定的文本注释
插入和添加节点	appendChild(newChild)	添加子节点 newChild 到目标节点上
	insertBefore(newChild,targetChild)	将新节点 newChild 插入目标节点 targetChild 之前
复制节点	cloneNode(bool)	复制节点自身，由逻辑量 bool 确定是否复制子节点
删除和替换节点	removeChild(childName)	删除由 childName 指定的节点
	replaceChild(newChild,oldChild)	用新节点 newChild 替换旧节点 oldChild

DOM 中指定的节点处理方法为 Web 应用程序开发者提供了快捷、动态更新 HTML 页面的途径。下面通过具体实例来说明各种方法如何使用。

4.4.1 插入和添加节点

把新创建的节点插入到文档的节点树最简单的方法就是让它成为该文档某个现有节点的子节点，appendChild(newChild)作为要添加子节点的节点的方法被调用，将一个标识为 newChild 的节点添加到它的子节点的末尾。其语法如下：

object.appendChild(newChild)

下面的实例演示如何在节点树中插入节点。

```html
<html xmlns="http://www.w3.org/1999/xhtml">
<head>
<meta http-equiv="Content-Type" content="text/html; charset=gb2312" />
<title>增加节点</title>
<script type="text/javascript">
function newNode(){
    var oldNode=document.getElementById("sixty1");  //访问插入节点的位置
    var image=document.createElement("img");         //创建一个图片节点
    image.setAttribute("src","images/newimg.jpg");   //设置图片路径

    document.body.insertBefore(image,oldNode);       //插入图片到 sixty1 前面
}
function copyNode(){
    var image=document.getElementById("sixty1");     //访问复制的节点
    var copyImage=image.cloneNode(false);            //复制指定的节点
    document.body.appendChild(copyImage);            //在页面最后增加节点

}
</script>
</head>

<body>
<h2>喜欢的水果</h2>
<input id="b1" type="button" value="增加一幅图片" onclick="newNode()" />
<input id="b2" type="button" value="复制原图" onclick="copyNode()" /><br />
  <img src="images/sixty1.jpg" id="sixty1" alt="水果" />
<img src="images/sixty2.jpg" id="sixty2" alt="果篮" />
</body>
</html>
```

点击"增加一幅图片"按钮后,程序运行结果如图 4-4、4-5 所示。

图 4-4

图 4-5

明显看出使用 newParagraph.appendChild(newTextNode)语句后,节点 newTextNode 和节点 newParagraph.firstChild 表示同一节点,证明生成的文本节点已经添加到<p>元素节点的子节点列表中。

insertBefore(newChild,targetChild)方法将文档中一个新节点 newChild 插入到原始节点 targetChild 前面,其语法如下:

> parentElement.insertBefore(newChild,targetChild)

调用此方法之前,要明白以下三点:
- 要插入的新节点 newChild;
- 目标节点 targetChild;
- 这两个节点的父节点 parentElement。

其中,parentElement=targetChild.parentNode,且父节点必须是元素节点。

下面我们看一个简单的关于 insertBefore()的例子。

```
<div id="myDiv">
  <input type="button" value="insertBefore" onclick="doInsertBefore(this)"/>
</div>
<script type="text/javascript">
  function doInsertBefore(btn){
      var div = document.getElementById("myDiv");
      var newChild = document.createElement("input");
      var targetChild = btn;
      div.insertBefore(newChild,targetChild);
  }
</script>
```

上述代码中，点击按钮"button"，则会为 div 元素添加一个子节点，该节点为新创建的 input 元素即文本框，该元素会插入到所点击按钮的前面，因为调用的方法是 insertBefore()。

4.4.2 删除节点

既然可以在节点树中生成、添加、复制一个节点，当然也可以删除节点树中特定的节点。DOM 提供 removeChild()方法来进行删除操作，其语法如下：

```
removeNode=object.removeChild(name)
```

参数 name 指明要删除的节点名称，该方法返回所删除的节点对象。

下面的实例演示如何使用 removeChild()方法删除节点。

```
<html xmlns="http://www.w3.org/1999/xhtml">
<head>
<meta http-equiv="Content-Type" content="text/html; charset=gb2312" />
<title>删除节点</title>
<script type="text/javascript">
function delNode(){
  var dNode=document.getElementById("sixty1"); //访问被删除的节点
  document.body.removeChild(dNode);         //删除图片
}
function repNode(){
  var oldimage=document.getElementById("sixty2"); //访问被替换的节点
  var newimage=document.createElement("img");     //创建一个图片节点
  newimage.setAttribute("src","images/repimg.jpg");  //设置图片路径
  document.body.replaceChild(newimage,oldimage);     //替换原来的图片
}
</script>
</head>
```

```
<body>
<h2>喜欢的水果</h2>
<input id="b1" type="button" value="删除图片" onclick="delNode()" />
<input id="b2" type="button" value="替换图片" onclick="repNode()" /><br />
 <img src="images/sixty1.jpg" id="sixty1" alt="水果" />
<img src="images/sixty2.jpg" id="sixty2" alt="果篮" />
</body>
</html>
```

点击"删除图片"按钮后，程序运行结果如图 4-6、4-7 所示。

图 4-6

图 4-7

上 机 4

总目标

(1) 理解 DOM 模型理论知识。
(2) 掌握什么是节点以及节点的分类。
(3) 熟练掌握节点的属性和方法。
(4) 熟练掌握节点的处理方法。

阶段一

上机目的：遍历页面中的所有 div 元素，将其边框变成红色。

上机要求：

(1) 新建 HTML 页面，在页面中添加任意多个 div 元素；
(2) 添加 JavaScript 脚本控制页面；
(3) 通过调用 document 对象的 getElementsByTagName()方法获得页面所有的 div 元素；
(4) 循环将 div 元素的 style 属性中的边框样式修改；
(5) 保存并测试页面。

阶段二

上机目的：制作一个表格，单击任意一个单元格，则该单元格所在的行背景色变为红色，再次单击则该行背景色取消。

上机要求：

(1) 新建 HTML 页面，在页面中添加一个多行多列的表格；
(2) 添加 JavaScript 脚本操作页面；
(3) 为每个单元格绑定点击事件；
(4) 编写事件处理程序；
(5) 在事件处理程序中获得被点击的单元格对象，即事件源；
(6) 通过调用被点击单元格对象的 parentNode 属性获得其父节点即行对象 TR；
(7) 将行对象背景色改为红色；
(8) 保存并测试页面。

阶段三

上机目的：点击按钮，为页面中的某个 div 动态添加文本框，要求所添加的文本框 size 长度为 30，边框颜色为红色。

上机要求：

(1) 创建 HTML 页面，在页面中添加一个 div 和按钮；

(2) 为按钮绑定点击事件，创建事件处理程序；
(3) 在事件处理程序中，创建一个文本框对象；
(4) 设置文本框对象 size 属性的值；
(5) 为文本框对象添加边框样式，设置为红色；
(6) 保存并测试页面。

阶段四

上机目的：实现复选框的全选效果，点击全选，选中所有的商品。

上机要求：

(1) 创建 HTML 页面，以表格的形式列表，包括一行标题及 4 个商品信息：复选框、商品名称、图片、价格；
(2) 在标题栏加入全选的复选框，并设置复选框的事件；
(3) 编写全选的 JS 代码；
(4) 保存并测试页面。

作 业 4

一、选择题

1. 通过样式表修改字体大小的属性是_____。

A、fontsize

B、font_size

C、fontSize

D、font-Size

2. 已知页面上有一个"关闭图片"按钮，需关闭图片代码为：<img src="ss.jpg" id="dd">，假设按钮的 onClick 事件的函数是 doClose，下面对该函数的描述正确的是_____。

A、document.getElementByName("dd").style.display="none";

B、document.getElementByTag("dd").style.display="none";

C、document.getElementByName("dd").style.display="block";

D、document.getElementById("dd").style.display="none";

3. 在 HTML 页面中有一个按钮控件：<INPUT NAME="MyButton" TYPE="BUTTON" Value="点击我" OnClick="deal();"/>，在 JavaScript 脚本中有如下语句：
function deal(){
    document.bgColor ="red";
}
当按下该按钮时，会发生_____。

A、将按钮的名字变成红色

B、将当前页面背景设为红色

C、在当前页面中显示"red"

D、打开新窗口，其背景色是红色
4. 如果想要获得某个节点的父节点，则使用的属性为_____。
A、parentNode
B、nextSibling
C、previousSibling
D、lastChild
5. 下列_____不属于节点类型。
A、元素(Element)
B、属性(Attribute)
C、文本(Text)
D、样式(Style)
6. 元素(Element)节点的节点类型值是_____。
A、1
B、2
C、3
D、4
7. _____属性能获得当前节点的名字。
A、nodeName
B、nodeValue
C、nodeType
D、tagName
8. 若要获得页面中多个名字相同的表单元素，则可以使用document对象的_____方法。
A、getElementById()
B、getElementsByName()
C、getElementByName()
D、getElmentsByTagName()
9. 如果要创建新的元素节点，则可以调用document对象的_____方法。
A、createElement()
B、createTextNode()
C、createAttribute()
D、createComment()
10. document对象的下列方法中，_____用于删除节点。
A、appendChild()
B、insertBefore()
C、removeChild()
D、cloneNode()

二、简答题

(1) 简述 DOM 概念所包含的主要内容有哪几部分。
(2) 简述节点的分类主要有哪些。
(3) 例举几个常用的节点属性并简要说明其用法。
(4) 例举几个常用的节点方法并简要说明其用法。
(5) 如何删除页面中的某个节点。

三、代码题

制作一个简单的客户端学员列表操作页面，效果如图 4-8 所示，在文本框中输入学员姓名，点击添加按钮，则往数据表格中动态添加一行数据，点击每行数据末尾的删除按钮，则可以删除该行数据。

图 4-8

第 5 章 JavaScript 核心对象

5.1 概 述

JavaScript 提供了丰富的内置对象,包括同基本数据类型相关的对象(如 String、Boolean、Number)、允许创建用户自定义和组合类型的对象(如 Object、Array)和其他能简化 JavaScript 操作的对象(如 Math、Date、Function)。本章从实际应用出发,详细讨论常用的 JavaScript 内置对象。

5.2 JavaScript 核心对象

JavaScript 作为一门基于对象的编程语言,以其简单、快捷的对象操作获得 Web 应用程序开发者的青睐。其内置的几个核心对象构成了 JavaScript 脚本语言的基础。主要核心对象如表 5-1 所示。

表 5-1

核心对象	附 加 说 明
Array	提供一个数组模型,用来存储大量有序的类型相同或相似的数据,将同类的数据组织在一起进行相关操作
Boolean	对应于原始逻辑数据类型,其所有属性和方法继承自 Object 对象。当值为真表示 true,值为假则表示 false
Date	提供了操作日期和时间的方法,可以表示从微秒到年的所有时间和日期。使用 Date 读取日期和时间时,其结果依赖于客户端的时钟
Function	提供构造新函数的模板,JavaScript 中构造的函数是 Function 对象的一个实例,通过函数名实现对该对象的引用
Math	内置的 Math 对象可以用来处理各种数学运算,且定义了一些常用的数学常数,如 Math 对象的实例的 PI 属性返回圆周率 π 的值。各种运算被定义为 Math 对象的内置方法,可直接调用
Number	对应于原始数据类型的内置对象,对象的实例返回某数值类型
Object	包含由所有 JavaScript 对象所共享的基本功能,并提供生成其他对象如 Boolean 等对象的模板和基本操作方法
RegExp	表述了一个正则表达式对象,包含了由所有正则表达式对象共享的静态属性,用于指定字符或字符串的模式
String	和原始的字符串类型相对应,包含多种方法实现字符串操作如字符串检查、抽取子串、连接两个字符串甚至将字符串标记为 HTML 等

JavaScript 语言中，每种基本类型都构成了一个 JavaScript 核心对象，并由 JavaScript 提供其属性和方法，Web 应用程序开发者可以通过操作对象的方法来操作该基本类型的实例。

5.3 String 对象

String 对象是和原始字符串数据类型相对应的 JavaScript 脚本内置对象，属于 JavaScript 核心对象之一，主要提供诸多方法实现字符串检查、抽取子串、字符串连接、字符串分割等字符串相关操作。其语法如下：

```
var MyString=new String();
var MyString=new String(string);
```

上述方法使用关键字 new 返回一个使用可选参数"string"字符串初始化的 String 对象的实例 MyString，用于后续的字符串操作。

String 对象拥有多个属性和方法，其常用属性和方法列表如表 5-2 所示。

表 5-2

名 称	说 明
length	返回字符串长度
charAt(num)	用于返回参数 num 指定索引位置的字符。如果参数 num 不是字符串中的有效索引位置则返回–1
charCodeAt(num)	与 charAt()方法相同，但其返回字符编码值
concat(string2)	把参数 string2 传入的字符串连接到当前字符串的末尾并返回新的字符串
fromCharCode(num)	返回传入参数 num 字符编码值对应的字符
indexOf(string,num) indexOf(string)	返回通过字符串传入的字符串，传入到字符串 string 出现的位置
lastIndexOf()	参数与 indexOf 相同，功能相似，索引方向相反
replace(regExpression,strin2)	查找目标字符串中通过参数传入的规则表达式指定的字符串，若找到匹配字符串，返回由参数字符串 string2 替换匹配字符串后的新字符串
split(separetor)	根据参数传入的规则表达式 regexpression 或分隔符 separetor 来分隔目标字符串，并返回字符串数组
substring(num1,num2) substring(num)	返回目标字符串中指定位置的字符串
toLowerCases()	将字符串的全部字符转化为小写
toUpperCase()	将字符串的全部字符转化为大写
valueOf()	返回 String 对象的原始值

5.3.1 使用 String 对象方法操作字符串

使用 String 对象的方法来操作目标对象时，并不操作对象本身，而只是返回包含操作结果的字符串。例如要设置改变某个字符串的值，必须要定义该字符串等于被操作后的结果。考察如下计算字符串长度的程序代码。

```
<html>
<body>

<script type="text/javascript">

var txt="Hello World!"
document.write(txt.length)

</script>

</body>
</html>
```

程序运行结果如图 5-1 所示。

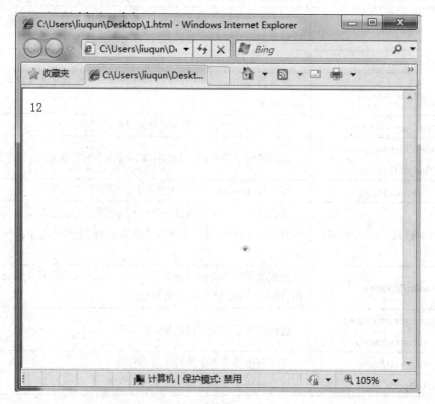

图 5-1

第 5 章　JavaScript 核心对象

调用 String 对象的方法语句 MyString.toUpperCase()运行后，并没有改变字符串 MyString 的内容，要改变字符串 MyString 的内容，必须将使用 toUpperCase( )方法操作字符串所得的结果返回给原字符串，察看如下语句：

```
MyString=MyString.toUpperCase();
```

通过以上语句操作字符串后，字符串的内容才真正被改变。String 对象的其他方法也具有此种特性。

注意：String 对象的 toLowerCase( )方法与 toUpperCase( )方法的语法相同、作用类似，不同点在于前者将目标串中所有字符转换为小写状态并返回结果给新的字符串。在表单数据验证时，如果文本域不考虑大小写，可先将其全部字符转换为小写(当然也可大写)状态再进行相关验证操作。

5.3.2　获取目标字符串长度

字符串的长度 length 是 String 对象的唯一属性，且为只读属性，它返回目标字符串(包含字符串里面的空格)所包含的字符数。我们看下面这段测试代码：

```
function StringTest(){
    var MyString=new String("Welcome to JavaScript world!");
    var strLength=MyString.length;
    var msg="获取目标字符串的长度:\n\n"
    msg+="访问方法: var strLength=MyString.length\n\n";
    msg+="原始字符串  内容 :"+MyString+"\n";
    msg+="原始字符串  长度 :"+strLength+"\n\n";
    MyString="This is the New string!";
    strLength=MyString.length;
    msg+="改变内容的字符串  内容 :"+MyString+"\n";
    msg+="改变内容的字符串  长度 :"+strLength+"\n";
    alert(msg);
}
```

程序运行结果如图 5-2 所示。

图 5-2

其中脚本语句"strLength=MyString.length;"将 MyString 的 length 属性保存在变量 strLength 中，并且其值随着字符串内容的变化更新。

5.3.3 查找字符串

在 String 对象中，可以通过 indexOf()方法和 lastIndexOf()方法查找一个子串在另一个字符串中的位置，返回的是从 0 开始的下标，如果该子串不存在，则返回-1。这两个方法的用法类似，不同的是 indexOf()方法从前向后查找，查找第一个匹配的子串，而 lastIndexOf()则相反，从后向前查找第一个匹配的子串所在下标。下面我们看例子：

```
<html>
<body>

<script type="text/javascript">

var str="Hello world!"
document.write(str.indexOf("Hello") + "<br />")
document.write(str.indexOf("World") + "<br />")
document.write(str.indexOf("world"))

</script>

</body>
</html>
```

上述代码定义了两个字符串，在字符串 str 中查找指定字符出现的下标。

5.3.4 截取字符串

在 String 对象中使用 substring()方法可以进行字符串的截取，其语法如下：

```
str.substring(startIndex, endIndex)
```

此方法第一个参数为必填项，表示开始截取字符串的下标位置，如果没有第二个参数，则表示截取到末尾，如果有第二个参数，则第二个参数表示截取的结束下标。我们看下面的简单例子：

```
<script type="text/JavaScript">
    var str = "abcdefg";
    var subStr = str.substring(1,3);
    alert(subStr);
</script>
```

上述代码对字符串 str 进行截取，从下标为 1 的字符开始截取，即从字符 b 开始并且包括字符 b，到下标为 3 的位置结束，即到字符 d 结束并且不包含字符 d，所以 substring()方

第 5 章　JavaScript 核心对象

法进行字符截取是包括开始位置字符而不包括结束位置字符，其返回结果为 bc。

5.3.5　分隔字符串

String 对象提供 split()方法来进行字符串的分割操作，split()方法根据通过参数传入的规则表达式或分隔符来分隔调用此方法的字符串。split()方法的语法如下：

```
String.split(separator,num);
String.split(separator);
String.split(regexpression,num);
```

如果传入的是一个规则表达式 regexpression，则该表达式由定义如何匹配的 pattern 和 flags 组成；如果传入的是分隔符 separator，则分隔符是一个字符串或字符，使用它将调用此方法的字符串分隔开，num 表示返回的子串数目，无此参数则默认为返回所有子串。考察如下的代码：

```
<script type="text/JavaScript">
    var str = "aaa-bbb-ccc-ddd";
    var array = str.split("-");
    for(var i = 0;i<array.length;i++){
        alert(array[i]);
    }
</script>
```

上述代码将一个带格式的字符串，通过连接符"-"进行拆分，拆分为一个字符串数组，将返回的字符串数组循环显示出来，显示结果为 aaa、bbb、ccc、ddd。

在 JavaScript 脚本程序编写过程中，String 对象是最为常见的处理目标，用于存储较短的数据。JavaScript 语言提供了丰富的属性和方法支持，方便 Web 应用程序开发者灵活地操纵 String 对象的实例。

5.4　Math 对象

Math 对象是 JavaScript 核心对象之一，拥有一系列的属性和方法，能够实现比基本算术运算更为复杂的运算。Math 对象所有的属性和方法都是静态的，并不能生成对象的实例，但能直接访问它的属性和方法。例如可直接访问 Math 对象的 PI 属性和 abs(num)方法。其语法如下：

```
var MyPI=Math.PI;
var MyAbs=Math.abs(-5);
```

需要注意的是，JavaScript 脚本中浮点运算精确度不高，常导致计算结果产生微小误差从而导致最终结果的致命错误。

表 5-3 列举了 Math 对象中的常用静态方法。

表 5-3

静态方法	简 要 说 明
Math.abs(num)	返回 num 的绝对值
Math.ceil(num)	返回大于等于一个数的最小整数
Math.floor(num)	返回小于等于一个数的最大整数
Math.max(num1, num2)	返回 num1 和 num2 中较大的一个数
Math.min(num1, num2)	返回 num1 和 num2 中较小的一个数
Math.pow(num1, num2)	返回 num1 的 num2 次方
Math.random()	返回 0 至 1 间的随机数
Math.round(num)	返回最接近 num 的整数
Math.sqrt(num)	返回 num 的平方根

5.4.1 基本数学运算

Math 对象的很多方法能够帮助我们完成基本的数学运算，我们看下面的例子：

```
<html>
<body>

<script type="text/javascript">

document.write(Math.round(0.60) + "<br />")
document.write(Math.round(0.50) + "<br />")
document.write(Math.round(0.49) + "<br />")
document.write(Math.round(-4.40) + "<br />")
document.write(Math.round(-4.60))

</script>

</body>
</html>
```

运行后的结果如下所示：

1
1
0
−4
−5

5.4.2 生成随机数

在 JavaScript 脚本中，可使用 Math 对象的 random()方法生成 0 到 1 之间的随机数，考察下面任意范围的随机数发生器代码。

```javascript
<script language="JavaScript" type="text/javascript">
function MyTest(){
    var m=document.MyForm.MyM.value;
    var n=document.MyForm.MyN.value;
    var msg="m 到 n 之间的随机数产生实例:\n\n";
    msg+="随机数范围设定:\n";
    msg+="下限:"+m+"\n";
    msg+="上限:"+n+"\n\n";
    if(m==n){
        msg+="错误提示信息:\n"
        msg+="上限与下限相等,请返回重新输入!";
    }else{
        msg+="随机数产生结果:\n"
        for(var i=0;i<10;i++){
            //产生 0-1 之间随机数,并通过系数变换到 m-n 之间
            msg+="第 "+(i+1)+" 个: "+(Math.random()*(n-m)+m)+"\n";
        }
    }
    alert(msg);
}
</script>
<form name=MyForm>
随机数产生范围下限 : <input type=text name=MyM size=30 value=1><br>
随机数产生范围上限 : <input type=text name=MyN size=30 value=10><br><br>
<input type=button value=数学运算  onclick="MyTest()">
</form>
```

程序运行结果如图 5-3 所示。

图 5-3

程序中关键代码为：

Math.random()*(n-m)+m;

该语句首先产生 0 和 1 之间的随机数，然后通过系数变换，将其限定在 m 和 n(n>m)之间的随机数，并可通过更改文本框内容的形式，产生任意范围的随机数。

Math 对象提供大量的属性和方法实现 JavaScript 脚本中的数学运算，但由于其为静态对象，不能创建对象的实例，更不能动态添加属性和方法，导致其使用范围较窄。下面介绍功能完善，且扩展方便的 Array 对象。

5.5 Array 对象

数组是包含基本和组合数据类型的有序序列，在 JavaScript 脚本语言中实际指 Array 对象。数组可用构造函数 Array()产生，主要有以下三种构造方法：

var MyArray=new Array();
var MyArray =new Array(4);
var MyArray =new Array(arg1,arg2,...,argN);

第一句声明一个空数组并将其存放在以 MyArray 命名的空间里，可用数组对象的方法动态添加数组元素；第二句声明了长度为 4 的空数组，JavaScript 脚本中可支持最大数组长度为 4294967295；第三句声明一个长度为 N 的数组，并用参数 arg1、arg2、...、argN 直接初始化数组元素，该方法在实际应用中最为广泛。

在 JavaScript 脚本版本更新过程中，渐渐支持使用数组字面值来声明数组的方法。与上面构造方法相对应，出现了如下的数组构造形式：

var MyArray=[];
var MyArray =[,,,];
var MyArray =[arg1,arg2,...,argN];

上述构造方法在 JavaScript 1.2+ 版本中首先获得支持。其中第二种方式中表明数组长度为 4，并且数组元素未被指定，浏览器解释时，把其看成拥有 4 个未指定初始值的元素的数组。将其扩展如下：

var MyArray =[234,,24,,56,,,,3,4];

该数组构造方式构造一个长度为 10、某些位置指定初始值、其他位置未指定初始值的数组 MyArray，MyArray 又被称为稀疏数组，可通过给指定位置赋值的方法来修改该数组。

访问数组中的元素和其他编程语言中的访问方式一样，都是通过数组下标进行访问，下标从 0 开始，到长度减 1 的位置结束，下面的代码就是对数组元素的访问。

var MyArray = ["aa","bb","cc"];
var str = MyArray[0];
MyArray[1] = "ww";

Array 对象提供较多的属性和方法来访问、操作目标 Array 对象实例，如增加、修改数组元素等。表 5-4 列举了 Array 对象常用的属性和方法。

表 5-4

属性和方法	简 要 说 明
Array.length	返回数组的长度，为可读可写属性
Array.concat(arg1,arg2,…argN)	将参数中的元素添加到目标数组后面，并将结果返回到新数组
Array.join() Array.join(string)	将数组中所有元素转化为字符串，并把这些字符串连接成一个字符串。若有参数 string，则表示使用 string 作为分开各个数组元素的分隔符
Array.reverse()	按照数组的索引号将数组元素的顺序完全颠倒
Array.slice(start) Array.slice(start,stop)	返回包含参数 start 和 stop 之间的数组元素的新数组，若无 stop 参数，则默认 stop 为数组的末尾
Array.sort() Array.sort(function)	基于一种顺序重新排列数组的元素。若有参数，则它表示一定的排序算法
Array.splice(start,delete,arg3, …,argN)	按参数 start 和 delete 的具体值添加、删除数组元素
Array.toString()	返回一个包含数组中所有元素的字符串，并用逗号隔开各个数组元素

5.5.1 数组中元素的顺序

Array 对象提供相关方法实现数组中元素的顺序操作，如颠倒元素顺序、按 Web 应用程序开发者制定的规则进行排列等。这类方法主要有 Array 对象的 reverse()和 sort()方法。

reverse()方法将按照数组的索引号的顺序将数组中元素完全颠倒，其语法如下：

```
arrayName.reverse();
```

sort()方法较之 reverse()方法复杂，它基于某种顺序重新排列数组的元素，其语法如下：

```
arrayName.sort();
arrayName.sort(function);
```

第一种调用方式不指定排列顺序，JavaScript 脚本将数组元素转化为字符串，然后按照字母顺序进行排序。

第二种调用方式由参数 function 指定排序算法，该算法需遵循如下的规则：
- 算法必须接受两个可以比较的参数 a 和 b，即 function(a,b)；
- 算法必须返回一个值以表示两个参数之间的关系；
- 若参数 a 在参数 b 之前出现，函数返回小于零的值；
- 若参数 a 在参数 b 之后出现，函数返回大于零的值；
- 若参数 a 等于 b，则返回零。

考察如下的代码：

```
<html>
<body>
```

```
<script type="text/javascript">

function sortNumber(a, b)
{
return a - b
}

var arr = new Array(6)
arr[0] = "10"
arr[1] = "5"
arr[2] = "40"
arr[3] = "25"
arr[4] = "1000"
arr[5] = "1"

document.write(arr + "<br />")
document.write(arr.sort(sortNumber))

</script>

</body>
</html>
```

程序运行结果如图 5-4 所示。

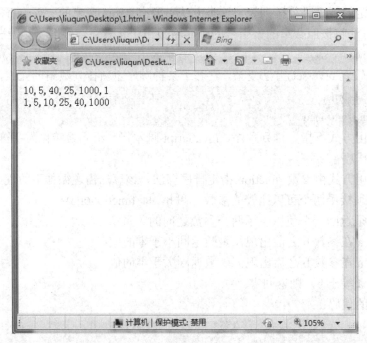

图 5-4

5.5.2 使用 splice()方法

Array 对象的 splice()方法可在数组任意位置添加、删除数组元素。其语法如下：

MyArray.splice(start,delete,arg3,…,argN);

各参数说明如下：
- 当参数 delete 为 0 时，不执行任何删除操作；
- 当参数 delete 非 0 时，在调用此方法的数组中删除下标从 start 到 start + delete 的数组元素，其后的数组元素的下标均减小 delete；
- 如果在参数 delete 之后还有参数，在执行删除操作之后，这些参数将作为新元素添加到数组中由 start 指定的开始位置，原数组该位置之后的元素往后顺移。

考察如下的代码：

```javascript
<script language="JavaScript" type="text/javascript">
//返回数组信息
function getMsg(arrayName){
    var arrayLength=arrayName.length;
    var tempMsg="长度: "+arrayLength+"\n";
    for(var i=0;i<arrayLength;i++){
        tempMsg+=" MyArray["+i+"]="+arrayName[i];
    }
    tempMsg+=" ";
    return tempMsg;
}
//执行相关操作
function MyTest(){
    var MyArray=new Array("First","Second","Third","Forth");
    var msg="添加和删除数组元素实例:\n\n";
    msg+="原始数组:\n"+getMsg(MyArray)+"\n\n";
    MyArray.splice(1,0);
    msg+="使用 splice(1,0)方法:\n"+getMsg(MyArray)+"\n";
    MyArray.splice(1,1);
    msg+="使用 splice(1,1)方法:\n"+getMsg(MyArray)+"\n";
    MyArray.splice(1,1,"New1","New2");
    msg+="使用 splice(1,1, \"New1\",\"New2\")方法:\n"+getMsg(MyArray)+"\n";
    alert(msg);
}
MyTest();
</script>
```

程序运行结果如图 5-5 所示。

图 5-5

代码中的核心语句为：

```
MyArray.splice(1,0);
MyArray.splice(1,1);
MyArray.splice(1,1,"New1","New2");
```

第一句中参数 delete 为 0，不执行任何操作，MyArray 数组保持不变，如下：

```
MyArray=["First","Second","Third","Forth"];
```

第二句参数 delete 不为 0(=1)，执行删除下标为 start(=1)到 start+delete(=2)之间的数组元素，即 MyString[1]=Second，其后的数组元素往前挪动 delete(=1)位，此时 MyArray 数组变为：

```
MyArray=["First","Third","Forth"];
```

第三句在继续执行一次第二句的删除操作(删除 MyString[1]=Third)基础上，将以参数传入的"New1"和"New2"元素作为数组元素插入到 start(=1)指定的位置，原位置上的数组元素顺移，相当于执行两个步骤，如下：

```
MyArray=["First","Forth"];
MyArray=["First","New1","New2","Forth"];
```

直接修改数组的长度，也可以对数组的元素进行修改，数组的长度 length 属性为可读可写属性，我们看下面这个例子：

```
<script language="JavaScript" type="text/javascript">
    var arr = ["aa","bb","cc","dd"];
    alert(arr.length);
    arr.length = 2;
```

```
    alert(arr.length);
    for(var i = 0;i<arr.length;i++){
        alert(arr[i]);
    }
</script>
```

上述代码中声明了一个长度为 4 的数组,接着显示其长度,然后将该数组的长度修改为 2,最后两个数组元素被删除,所以打印修改后的长度为 2,同时可以看到剩下的元素为 aa 和 bb。

5.5.3 Array 对象转字符串

在 Web 应用程序开发过程中,常常需要将数组元素按某种形式转化为字符串,如需将存放用户名的数组中各个元素转换为字符串并赋值给各用户等。先考察如下代码:

```
<script language="JavaScript" type="text/javascript">
//返回数组信息
function getMsg(arrayName){
    var arrayLength=arrayName.length;
    var tempMsg="";
    for(var i=0;i<arrayLength;i++){
        tempMsg+=" MyArray["+i+"]="+arrayName[i]+"\n";
    }
    return tempMsg;
}
//执行相关操作
function MyTest(){
    var MyArray=new Array("First","Second","Third","Forth");
    var msg="调用 Array 对象的方法生成字符串实例: \n\n";
    msg+="原始数组: \n"+getMsg(MyArray)+"\n";
    var tempStr="";
    tempStr=MyArray.join();
    msg+="1、调用 MyArray.join()方法返回字符串 : \n"+tempStr+"\n\n";
    tempStr=MyArray.join("-");
    msg+="2、调用 MyArray.join("-")方法返回字符串: \n"+tempStr+"\n\n";
    msg+="3、调用 MyArray.toString()方法返回字符串: \n"+MyArray+"\n";
    alert(msg);
}
MyTest();
</script>
```

程序运行结果如图 5-6 所示。

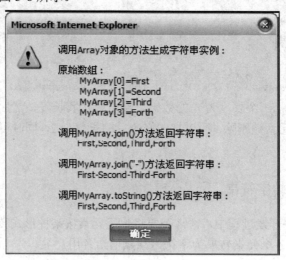

图 5-6

Array 对象的 join()方法有两种调用方式：

MyArray.join();

MyArray.join(string);

join()方法将数组中所有元素转化为字符串，并将这些串由逗号隔开合并成一个字符串作为方法的结果返回。如果调用时给定参数 string，就将 string 作为在结果字符串中分开由各个数组元素形成的字符串的分隔符。

toString()方法返回一个包含数组中所有元素，且元素之间以逗号隔开的字符串。该方法在将数组作为字符串使用时强制使用，且不需显式声明此方法的调用。

5.6 Date 对象

在 Web 应用中经常碰到需要处理时间和日期的情况。JavaScript 脚本内置了核心对象 Date，该对象可以表示从毫秒到年的所有时间和日期，并提供了一系列操作时间和日期的方法。

5.6.1 生成日期对象实例

Date 对象的构造函数通过可选的参数，可生成表示过去、现在和将来的 Date 对象。其构造方式有四种，分别如下：

var MyDate=new Date();

var MyDate=new Date(milliseconds);

var MyDate=new Date(string);

var MyDate=new Date(year,month,day,hours,minutes,seconds,milliseconds);

第 5 章 JavaScript 核心对象

第一句生成一个空的 Date 对象实例 MyDate，可在后续操作中通过 Date 对象提供的诸多方法来设定其时间，如果不设定则代表客户端当前日期；在第二句的构造函数中传入唯一参数 milliseconds，表示构造与 GMT 标准零点相距 milliseconds 毫秒的 Date 对象实例 MyDate；第三句构造一个用参数 string 指定的 Date 对象实例 MyDate，其中 string 为表示期望日期的字符串，符合特定的格式；第四句通过具体的日期属性，如 year、month 等构造指定的 Date 对象实例 MyDate。考察如下的代码：

```html
<html>
<head>
<script type="text/javascript">
function startTime()
{
    var today=new Date()
    var h=today.getHours()
    var m=today.getMinutes()
    var s=today.getSeconds()
    // add a zero in front of numbers<10
    m=checkTime(m)
    s=checkTime(s)
    document.getElementById('txt').innerHTML=h+":"+m+":"+s
    t=setTimeout('startTime()',500)
}

function checkTime(i)
{
    if (i<10)
      {i="0" + i}
    return i
}
</script>
</head>

<body onload="startTime()">
<div id="txt"></div>
</body>
</html>
```

程序运行结果如图 5-7 所示。

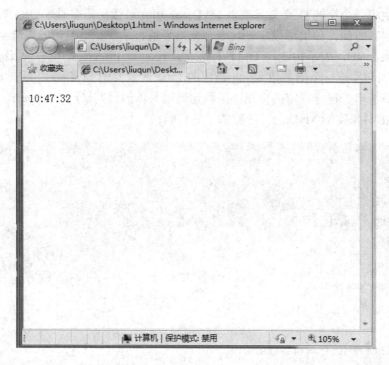

图 5-7

该程序分为以下几步：
(1) 获取日期的小时；
(2) 获取日期的分；
(3) 获取日期的秒。

注意：欧美时间制中，星期及月份数都从 0 开始计数。如星期中第 0 天为 Sunday，第 7 天为 Saturday；月份中的第 0 月为 January，第 11 月为 December。但月的天数从 1 开始计数。

5.6.2 获取和设置日期各字段

Date 对象以目标日期与 GMT 标准零点之间的毫秒数来储存该日期，给脚本程序员操作 Date 对象带来一定的难度。为解决这个难题，JavaScript 提供了大量的方法而不是通过直接设置或读取属性的方式来设置和提取日期各字段，这些方法将毫秒数转化为对用户友好的格式。下面的程序显示如何调用这些方法获得和设置日期各个部分的值。

```
<script language="JavaScript" type="text/javascript">
    var days = ["日","一","二","三","四","五","六"];
    //创建一个日期对象，为当前系统时间
    var date = new Date();
    //设置日期的年月日时分秒
    date.setYear(2010);
    date.setMonth(9);
```

第 5 章 JavaScript 核心对象

```
date.setDate(6);
date.setHours(14);
date.setMinutes(35);
date.setSeconds(41);

var msg = "";
//获得日期的年月日时分秒
msg += date.getYear() + "年";
//因为月份从 0 开始，所以实际月份需要加 1
msg += date.getMonth() + 1 + "月";
msg += date.getDate() + "日";
msg += date.getHours() + "时";
msg += date.getMinutes() + "分";
msg += date.getSeconds() + "秒";

//获得星期
msg += "星期" + days[date.getDay()];
document.write(msg);
</script>
```

运行后输出结果为：2010 年 10 月 6 日 14 时 35 分 41 秒 星期三。

5.7 创建和使用自定义对象

在 JavaScript 脚本语言中，主要有 JavaScript 核心对象、浏览器对象、用户自定义对象和文本对象等，其中用户自定义对象占据举足轻重的地位。

JavaScript 作为基于对象的编程语言，其对象实例采用构造函数来创建。每一个构造函数包含一个对象原型，定义了每个对象包含的属性和方法。对象是动态的，表明对象实例的属性和方法是可以动态添加、删除或修改的。

JavaScript 脚本中创建自定义对象的方法主要有两种，通过定义对象的构造函数的方法和通过对象直接初始化的方法。

5.7.1 定义对象的构造函数

下面的实例是通过定义对象的构造函数的方法和使用 new 操作符所生成的对象实例，先考察其代码。

```
<script>
//对象的构造函数
function School(iName,iAddress,iGrade,iNumber){
```

```
        this.name=iName;
        this.address=iAddress;
        this.grade=iGrade;
        this.number=iNumber;
        this.information=showInformation;
    }
    //定义对象的方法
    function showInformation(){
        var msg="";
        msg="自定义对象实例：\n"
        msg+="\n 机构名称 ："+this.name+" \n";
        msg+="所在地址 ："+this.address +"\n";
        msg+="教育层次 ："+this.grade +" \n";
        msg+="在校人数 ："+this.number
        alert(msg);
    }
    //生成对象的实例
    var ZGKJDX=new School("中国科技大学","安徽·合肥","高等学府","13400");
    ZGKJDX.information()
</script>
```

程序运行结果如图5-8所示。

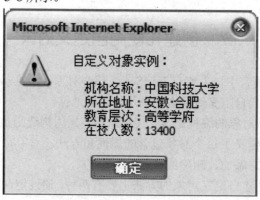

图 5-8

在该方法中，用户必须先定义一个对象的构造函数，然后再通过 new 关键字来创建该对象的实例。 定义对象的构造函数如下：

```
//对象的构造函数
function School(iName,iAddress,iGrade,iNumber){
    this.name=iName;
    this.address=iAddress;
    this.grade=iGrade;
```

```
        this.number=iNumber;
        this.information=showInformation;
    }
```

当调用该构造函数时,浏览器给新的对象分配内存,并隐性地将对象传递给函数。this 操作符是指向新对象引用的关键词,用于操作这个新对象。如下面的句子:

```
    this.name=iName;
```

该句使用作为函数参数传递过来的 iName 值在构造函数中给该对象的 name 属性赋值,该属性属于所有 School 对象,而不仅仅属于 School 对象的某个实例如上面中的 ZGKJDX。对象实例的 name 属性被定义和赋值后,可以通过如下方法访问该实例的该属性:

```
    var str=ZGKJDX.name;
```

使用同样的方法继续添加其他属性 address、grade、number 等,但 information 不是对象的属性,而是对象的方法。看如下句子:

```
    this.information=showInformation;
```

方法 information 指向的外部函数 showInformation 结构如下:

```
function showInformation(){
    var msg="";
    msg="自定义对象实例: \n"
    msg+="\n 机构名称: "+this.name+" \n";
    msg+="所在地址: "+this.address +"\n";
    msg+="教育层次: "+this.grade +" \n";
    msg+="在校人数: "+this.number
    alert(msg);
}
```

同样,由于被定义为对象的方法,在外部函数中也可使用 this 操作符指向当前的对象,并通过 this.name 等访问它的某个属性。

在构建对象的某个方法时,如果代码比较简单,也可以使用非外部函数的做法,改写 School 对象的构造函数。看如下代码:

```
function School(iName,iAddress,iGrade,iNumber){
    this.name=iName;
    this.address=iAddress;
    this.grade=iGrade;
    this.number=iNumber;
    this.information=function(){
        var msg="";
        msg="自定义对象实例: \n"
```

```
        msg+="\n 机构名称 : "+this.name+" \n";
        msg+="所在地址 : "+this.address +"\n";
        msg+="教育层次 : "+this.grade +" \n";
        msg+="在校人数 : "+this.number;
        alert(msg);
    };
}
```

这种写法运行结果和之前写法运行结果一样。

5.7.2 对象直接初始化

此方法通过直接初始化对象来创建自定义对象，与定义对象的构造函数方法不同的是，该方法不需要生成此对象的实例，改写上一节源程序如下：

```
<script>
//直接初始化对象
var ZGKJDX={name:"中国科技大学",
    address:"安徽•合肥",
    grade:"高等学府",
    number:"13400",
    information:showInformation
};
//定义对象的方法
function showInformation(){
    var msg="";
    msg="自定义对象实例: \n"
    msg+="\n 机构名称: "+this.name+" \n";
    msg+="所在地址: "+this.address +"\n";
    msg+="教育层次: "+this.grade +" \n";
    msg+="在校人数: "+this.number
    alert(msg);
}
ZGKJDX.showInformation();
</script>
```

程序运行结果与上一节程序运行结果相同。

该方法在只需生成某个应用对象并进行相关操作的情况下使用，虽然其代码紧凑，编程效率高，但致命的是，若要生成若干个对象的实例，就必须为生成每个实例重复相同的代码结构，而只是参数不同而已。可以看出其代码的重复性比较差，不符合面向对象的编程思路，应尽量避免使用该方法创建自定义对象。

上 机 5

总目标

(1) 掌握 JavaScript 中核心对象的概念。
(2) 熟练掌握 String 对象的用法。
(3) 熟练掌握 Math 对象的用法。
(4) 熟练掌握 Array 对象的用法。
(5) 熟练掌握 Date 对象的操作。

阶段一

上机目的：验证用户输入的电子邮件格式是否正确。

上机要求：

(1) 新建 HTML 页面，在页面中添加文本框输入电子邮件；
(2) 在页面中添加检测按钮检测电子邮件格式是否正确；
(3) 为按钮绑定点击事件，添加事件处理程序；
(4) 在事件处理程序中验证电子邮件格式，例如：是否包含@符号，@符号不能在第一或者最后等；
(5) 根据验证结果提示用户如何改正，直到验证通过；
(6) 保存并测试页面。

阶段二

上机目的：在 JavaScript 中生成一个 0 到 10 之间的随机数让用户猜，并返回猜测结果，直到用户猜正确。

上机要求：

(1) 新建 HTML 页面，在页面中添加文本框让用户输入猜测的数字；
(2) 在页面中添加按钮检测猜测的数字是否正确；
(3) 为按钮绑定点击事件，添加事件处理程序；
(4) 在页面的 onload 事件中生成一个 0 到 10 之间的随机数保存成全局变量；
(5) 在按钮的事件处理程序中将生成的随机数和用户输入的数字对比，根据对比结果通知用户是猜大了，还是猜小了，或者是猜对了；
(6) 保存并测试页面。

阶段三

上机目的：在文本框中接收用户输入的多个国家名称对应的英文单词(例如 China、America 等，每个之间逗号隔开)，将其根据逗号拆分保存在数组中，排序后使用逗号重新连接成字符串显示回文本框。

上机要求：

(1) 新建 HTML 页面，在页面中添加文本框让用户输入多个国家对应的英文单词，每个之间逗号隔开；

(2) 在文本框后面添加一个"排序"按钮，并为该按钮绑定事件处理程序；

(3) 在事件处理程序中获得用户输入的内容，调用 String 对象的 split()方法将其拆分成数组；

(4) 调用 Array 对象的 sort()方法对其进行排序；

(5) 接着调用 Array 对象的 join()方法将其通过逗号连接成字符串；

(6) 将处理好的结果覆盖原先文本框中的内容，显示排序后的结果；

(7) 保存并测试页面。

作 业 5

一、选择题

1. JSP 页面的 page 指令主要用于设置该页面的各种属性，page 指令的 language 属性的作用是_____。

   A、将需要的包或类引入到 JSP 页面中

   B、指定 JSP 页面使用的脚本语言，默认为 Java

   C、指定 JSP 页面采用的编码方式，默认为 text/html

   D、服务器所在国家

2. 在一个 JSP 页面中包含了这样一种页面元素：<%int i=10;%>，这是_____。

   A、表达式

   B、小脚本

   C、JSP 指令

   D、注释

3. Form 表单提交的信息中含有一个文本框<input name="name"/>，阅读下面的 JSP，a.jsp 将输出_____。

   接受该请求的 JSP：

   ```
   <%
           response.sendRedirect("a.jsp");
   %>
   ```

   a.jsp：

   ```
   <%=request.getParameter("name")%>
   ```

   A、null

   B、什么都不输出

   C、异常信息

   D、name

第 5 章 JavaScript 核心对象

4. Form 表单代码如下：
```
<form>
    <input name="hobby" value="hobby1"/> hobby1
<input name="hobby" value="hobby2"/> hobby2
<input name="hobby" value="hobby3"/> hobby3
</form>
```
当表单提交时，通过请求对象_____获得用户选中项的值较为合适。

A、String hobby = request.getParameter("hobby");

B、String hobby = request.getParameterValues("hobby");

C、String[] hobby = request.getParameterValues("hobby");

D、String[] hobby = request.getParameter("hobby");

5. 以下_____注释可以被发送到客户端的浏览器。

`<%-- 第一种 --%>`

`<% //第二种 %>`

`<% /*第三种 */ %>`

`<!-- 第四种 -->`

A、第一种

B、第二种

C、第三种

D、第四种

6. 对于 JSP 的声明<%! %>说法错误的是_____。

A、一次可声明多个方法

B、一个声明仅在一个页面中有效

C、声明的方法可以直接使用 JSP 内置对象

D、声明可以放在 JSP 的任何位置

7. page 指令用于定义 JSP 文件中的全局属性，下列关于该指令用法的描述错误的是_____。

A、<%@ page %>作用于整个 JSP 页面

B、可以在一个页面中使用多个<%@ page %>指令

C、为增强程序的可读性，建议将<%@ page %>指令放在 JSP 文件的开头，但不是必须的

D、<%@ page %>指令中的属性只能出现一次

8. 以下 JSP 一共被访问了两次，第二次的输出结果是_____。

```
<%
    int a = 1;
    int b = a+1;
%>
a:<%=a%>
b:<%=b%>
```

A、输出异常信息
B、a:1 b:3
C、a:2 b:3
D、a:1 b:2

9. 下列选项中，合法的表达式是_____。(选两项)

A、<%=Math.random() %>
B、<%=Math.random(); %>
C、<%="4" + "2"%>
D、<% String x = "4" + "2";%>

10. 在 JSP 编程中，以下_____元素的组成有语法错误。

A、<%"hello JSP";%>
B、<%!int age;%>
C、<%=new java.util.Date()%>
D、<%String s ="aaa";%>

二、简答题

(1) 简述 JavaScript 中有哪几大核心对象，其作用是什么。
(2) 简述如何对字符串进行截取。
(3) 简述如何生成特定范围内的随机数。
(4) 简述如何判断一个字符串中是否包含另一个字符串。

三、代码题

(1) 接收用户输入的特定格式的日期(比如 2010-02-03)，显示该日期对应为星期几。
(2) 假设一个字符串中包含三个字母 a(例如 axxxaxxxaxxx)，如何找出第二个字母 a 的下标。

第 6 章　Window 及相关顶级对象

6.1　概　　述

在本书第 4 章 "文档结构模型(DOM)" 一章中，从对象模型层次关系的角度重点分析了对象的产生过程。本章将从实际应用的角度出发，讨论 Window、Navigator、Screen、History、Location、Document 等相关顶级对象的属性、语法及如何创建、使用等问题。

6.2　顶级对象模型参考

在 DOM 架构中，Window、Frames、Navigator 等顶级对象产生于浏览器载入文档至关闭文档期间的不同阶段，并起着互不相同且不可代替的作用。例如，Window 对象在启动浏览器载入文档的同时生成，与当前浏览器窗口相关，包含窗口的最小最大化、尺寸大小等属性，同时具有关闭窗口、创建新窗口等方法；而 Location 对象以 URL 的形式载入当前窗口，并保存正在浏览的文档的位置及其构成信息，如协议、主机名、端口、路径、URL 的查询字符串部分等。顶级对象模型的结构如图 6-1 所示。

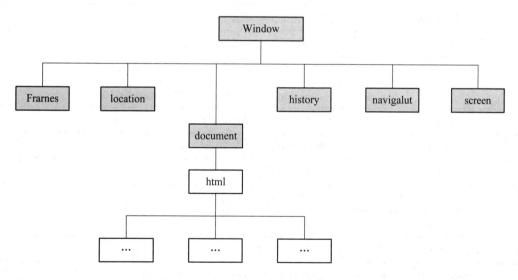

图 6-1

可见，Window 对象在层次中的最上层，而 Document 对象处于顶级对象的最底层。一般来说，Frames 对象在 Window 对象的下层，但当目前文档包含框架集时，该框架集中的每个框架都包含单独的 Window 对象，每个 Window 对象都直接包含一个(或者间接包含多个)Document 对象。下面我们首先来了解 Window 对象。

6.3 Window 对象

简而言之，Window 对象为浏览器窗口对象，为文档提供一个显示的容器。当浏览器载入目标文档时，打开浏览器窗口的同时，创建 Window 对象的实例，Web 应用程序开发者可通过 JavaScript 脚本引用该实例，从而进行诸如获取窗口信息、设置浏览器窗口状态或者新建浏览器窗口等操作。同时，Window 对象提供一些方法产生图形用户界面中用于客户与页面进行交互的对话框(模式或者非模式)，并能通过脚本获取其返回值然后决定浏览器后续行为。

由于 Window 对象是顶级对象模型中的最高级对象，因此，对当前浏览器的属性和方法，以及当前文档中的任何元素的操作都默认以 Window 对象为起始点，并按照对象的继承顺序进行访问和相关操作。由此，在访问这些目标时，可将引用 Window 对象的代码省略掉，如在需要给客户以警告信息的场合调用 Window 对象的 alert()方法产生警告框，可直接使用 alert(targetStr)语句，而不需要使用 window.alert(targetStr)的方法。但在框架集或者父子窗口通信时，须明确指明要发送消息的窗口名称。

Window 对象有很多的属性和方法供我们调用，表 6-1 列举了 Window 对象常用的属性和方法。

表 6-1

属性和方法	简 要 说 明
document	窗口中当前文档对象
frames	包含窗口中所有 Frame 对象的数组
history	包含窗口历史 URL 清单的 History 对象
location	包含与 Window 对象相关联的 URL 地址的对象
opener	表示打开窗口的 Window 对象
parent	与包含某个窗口的父窗口含义相同
self	与当前窗口的含义相同
status	窗口底部的状态栏信息
alert()	显示提示信息对话框
blur()	使当前窗口失去焦点
clearInterval(TimerID)	使由参数 TimerID 指定的间隔定时器失效
clearTimeout(TimerID)	使由参数 TimerID 指定的超时设置失效
close()	关闭当前窗口
conform(text)	显示确认对话框，text 为确认内容
focus()	使当前窗口获得焦点

续表

属性和方法	简 要 说 明
moveBy(deltaX,deltaY)	将浏览器窗口移动到由参数 deltaX 和 deltaY(像素)指定相对距离的位置
moveTo(x,y)	将浏览器移动到由参数 x 和 y(像素)指定的位置
open(URL,Name,Options)	按照 Options 指定的属性打开新窗口并创建 Window 对象
prompt(text[, str])	显示提示对话框,text 为问题,str 为默认答案(可选参数)
resizeBy(deltaX,deltaY)	将浏览器窗口大小按照参数 deltaX 和 deltaY(像素)指定的相对像素改变
resizeTo(x,y)	将浏览器窗口的大小按照参数 x 和 y(像素)指定的值进行设定
scrollBy(deltaX,deltaY)	在浏览器窗口中将文档移动由 deltaX 和 deltaY 指定的相对距离的位置
scrollTo(x,y)	在浏览器窗口中将文档移动到由 x 和 y 指定的位置
setInterval(expression, milliseconds [, arguments])	通过由参数 milliseconds 指定的时间间隔重复触发由参数 expression 指定的表达式求值或函数调用,可选参数 arguments 为供函数调用的参数列表,以逗号为分隔符
setTimeout(expression, milliseconds [, arguments])	通过由参数 milliseconds 指定的超时时间触发由参数 expression 指定的表达式求值或函数调用,可选参数 arguments 为供函数调用的参数列表,以逗号为分隔符

6.3.1 交互式对话框

使用 Window 对象产生用于客户与页面交互的对话框主要有三种:警告框、确认框和提示框等。这三种对话框因使用 Window 对象的不同方法产生,故功能和应用场合也不大相同。

1. 警告框

警告框使用 Window 对象的 alert()方法产生,用于将浏览器或文档的警告信息(也可能不是恶意的警告)传递给客户。该方法产生一个带有短字符串消息和"确定"按钮的模式对话框,且单击"确定"按钮后对话框不返回任何结果给父窗口。此方法的语法如下:

```
window.alert(Str);
alert(Str);
```

其中参数可以是已定义变量、文本字符串或者是表达式等。当参数传入时,将参数的类型强制转换为字符串后输出:

```
var MyName="YSQ";
var iNum=1+1;
alert("\nHello " +MyName+ ":\n MyResult: 1+1=" +iNum+ "\n");
```

上述代码运行后，弹出警告框如图 6-2 所示。

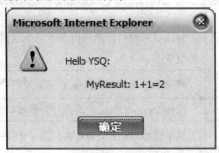

图 6-2

2. 确认框

确认框使用 Window 对象的 conform()方法产生，用于将浏览器或文档的信息(如表单提交前的确认等)传递给客户。该方法产生一个带有短字符串消息和"确定"、"取消"按钮的模式对话框，提示客户选择单击其中一个按钮表示是否同意该字符串消息："确定"按钮表示同意，"取消"按钮表示不同意，并将客户的单击结果返回。此方法的语法如下：

```
answer=window.confirm(Str);
answer=confirm(Str);
```

其中参数可以是已定义变量、文本字符串或者是表达式等。当参数传入时，将参数的类型强制转换为字符串，作为需要确认的问题输出。该方法返回一个布尔值表示消息确认的结果：true 表示客户同意了该消息，而 false 表示客户不同意该消息或确认框被客户直接关闭。考察下面的代码：

```
var MyName="YSQ";
var iNum=1+1;
var answer=confirm("\nHello " +MyName+ ":\n MyResult: 1+1=" +iNum+ " ?\n");
if(answer==true)
    alert("\n 客户确认信息 :\n\n"+" 算术运算 1+1=2 成立!");
else
    alert("\n 客户确认信息 :\n\n"+" 算术运算 1+1=2 不成立!");
```

程序运行后，弹出确认框如图 6-3 所示。

图 6-3

若单击"确定"按钮,将弹出警告框如图 6-4 所示。

图 6-4

若单击"取消"按钮或直接关闭该确认框,将弹出警告框如图 6-5 所示。

图 6-5

值得注意的是,确认框中事先设定的问题的提问方法有可能严重影响这个确认框的实用性,程序员在编制程序时,一定要将问题的返回值代表的客户意图与下一步的动作联系在一起,避免对结果进行完全相反的处理。

3. 提示框

提示框使用 Window 对象的 prompt()方法产生,用于收集客户关于特定问题的反馈信息,该方法产生一个带有短字符串消息的问题和"确定"、"取消"按钮的模式对话框,提示客户输入上述问题的答案,并选择单击其中一个按钮表示确定还是取消该提示框。如果客户单击了"确定"按钮则将该答案返回,若单击了"取消"按钮或者直接关闭则返回 null 值。此方法的语法如下:

```
returnStr=window.prompt(targetQuestion,defaultString);
returnStr=prompt(targetQuestion,defaultString);
```

该方法通过参数 targetQuestion 传入一个字符串,代表需要客户回答的问题。通过参数 defaultString 传入一个默认的字符串,该参数一般可设定为空。当客户填入问题的答案并单击"确定"按钮后,该答案作为 prompt()方法的返回值赋值给 returnStr;当客户单击"取消"按钮时,prompt()方法返回 null。考察如下代码:

```
var answer=prompt("算术运算题目:1+1 = ?");
```

```
if(answer==2)
    alert("\n 算术运算结果：\n\n"+"恭喜您,你的答案正确！");
else if(answer==null)
    alert("\n 算术运算结果：\n\n"+"对不起,您还没作答！");
else
    alert("\n 算术运算结果：\n\n"+"对不起,您的答案错误！");
```

程序运行后，弹出提示框如图 6-6 所示。

图 6-6

如果在上述提示框填入正确结果"2"，并单击"确定"按钮，弹出警告框如图 6-7 所示。

图 6-7

如果在上述提示框输入错误的答案，并单击"确定"按钮，弹出警告框如图 6-8 所示。
如果在上述提示框中单击"取消"按钮或直接关闭，弹出警告框如图 6-9 所示。

图 6-8   图 6-9

使用 prompt()方法生成提示框返回客户的答案时,应注意考察提示框的返回值,然后采取进一步的动作。

6.3.2 设定时间间隔

Window 对象提供 setInterval()方法用于设定时间间隔,即按照某个指定的时间间隔去周期触发某个事件,典型的应用如动态状态栏、动态显示当前时间等。该方法的语法如下:

```
TimerID=window.setInterval(targetProcess,itime);
TimerID=setInterval(targetProcess,itime);
```

其中参数 targetProcess 指目标事件,参数 itime 指间隔的时间,以毫秒(ms)为单位。设定时间间隔的操作完成后,返回该时间间隔的引用变量 TimerID。

同时,Window 对象提供 clearInterval()方法用于清除该间隔定时器,使目标事件的周期触发失效。该方法语法如下:

```
window.clearInterval(TimerID);
```

该方法接受唯一的参数 TimerID,指明要清除的间隔时间引用变量名。我们看下面这个例子:

```
<input id="msg" size="35"/>
<input type="button" value="start" onclick="doStart()"/>
<input type="button" value="stop" onclick="doStop()"/>

<script language="JavaScript" type="text/javascript">
  var timeId = null;
  function tick(){
      document.getElementById("msg").value = new Date();
  }
  function doStart(){
      timeId = setInterval("tick()",1000);
  }
  function doStop(){
      clearInterval(timeId);
  }
</script>
```

上述代码中,函数 tick()用于将当前系统时间显示在文本框中,而"start"按钮用于启动时间间隔函数,setInterval()函数中设定系统每隔 1000 毫秒就调用 tick()函数一次,这样就能模拟时钟的走动了,同时保留返回的 timeId,这样就可以在点击"stop"按钮时将该时间间隔清除,也就能停止时钟的走动了。

通过时间函数以及 Date 对象,可以实现时钟效果。看下面这个例子:

```
<script type="text/javascript">

function disptime(){
  var today = new Date(); //获得当前时间
  var hh = today.getHours();   //获得小时、分钟、秒
  var mm = today.getMinutes();
  var ss = today.getSeconds();
   /*设置 div 的内容为当前时间*/
  document.getElementById("myclock").innerHTML="<h1>现在是："+hh+":"+mm+":"+ss+"<h1>";
/*
    使用 setTimeout 在函数 disptime()体内再次调用 setTimeout
    设置定时器每隔 1 秒(1000 毫秒)，调用函数 disptime()执行，刷新时钟显示
    var myTime=setTimeout("disptime()",1000);
*/
}
/*使用 setInterval()每间隔指定毫秒后调用 disptime()*/
var myTime = setInterval("disptime()",1000);

</script>

<div id="myclock"></div>
```

6.3.3 时间超时控制

Window 对象提供 setTimeout()方法用于设置某事件的超时，即在设定的时间到来时触发某指定的事件，该方法的实际应用有警告框的显示时间、状态栏的跑马灯效果和打字效果等。其语法如下：

```
var timer=window.setTimeout(targetProcess,itime);
var timer=setTimeout(targetProcess,itime);
```

参数 targetProcess 表示设定超时的目标事件，参数 itime 表示设定的超时时间，以毫秒(ms)为单位，返回值 timer 为该事件超时的引用变量名。

同时，Window 对象提供 clearTimeout()方法来清除通过参数传入的事件超时操作。其语法如下：

```
clearTimeout(timer);
```

该方法接受唯一的参数 timer 指定要清除的事件超时引用变量名，方法执行后将该事件超时设置为失效。我们看下面这个例子：

```
<h2>五秒钟后页面自动跳转......</h2>
<script language="JavaScript" type="text/javascript">
```

第 6 章　Window 及相关顶级对象

```
        function forwardPage(){
            window.location = "http://www.baidu.com";
        }
        setTimeout("forwardPage()",5000);
    </script>
```

上述代码在页面中显示了一句提示信息"五秒钟后页面自动跳转……",接着通过 setTimeout()函数设定 5000 毫秒即五秒中后执行函数 forwardPage(),在函数 forwardPage() 中完成了页面的跳转。因此用户打开这个页面后等待五秒钟,就会看到页面自动跳转的效果。

6.3.4　创建和管理新窗口

Window 对象提供完整的方法用于创建新窗口并在父窗口与子窗口之间进行通信。一般来说,主要使用其 open()方法创建新浏览器窗口,新窗口可以包含已存在的 HTML 文档或者完全由该方法创建的新文档。其语法如下:

```
var newWindow=window.open(targetURL,pageName, options);
var newWindow=open(targetURL,pageName, options);
```

其中参数属性如下:

(1) targetURL:指定要打开的目标文档地址。

(2) pageName:设定该页面的引用名称。

(3) options:指定该窗口的属性,如页面大小、是否有工具条等。

其中 options 包含一组用逗号隔开的可选属性对,用以指明该窗口所具备的各种属性,其属性及对应的取值如表 6-2 所示。

表 6-2

属性	取值	简要说明
height	integer	目标窗口的高度
left	interger	目标窗口与屏幕最左边的距离
location	yes/no	目标窗口是否具有地址栏
menubar	yes/no	目标窗口是否具有菜单栏
resizable	yes/no	目标窗口是否允许改变大小
scrollbars	yes/no	目标窗口是否具有滚动条
status	yes/no	目标窗口是否具有状态栏
toolbar	yes/no	目标窗口是否具有工具栏
top	integer	目标窗口与屏幕最顶端的距离
width	integer	目标窗口的宽度

注意:left、height、top、width 属性的取值为整数,为像素值。其余取值为 yes/no,分别表示目标具有或不具有某种属性。在当前浏览器版本中,可用 1 代替 yes,用 0 代替 no。

操作完成后，可通过 Window 对象的 close()方法来关闭该窗口。close()方法的语法如下：

```
windowName.close();
```

使用 close()方法关闭某窗口之前，一定要核实该窗口是否已经定义、是否已经被关闭，如果目标窗口未定义或已经被关闭，则 close()方法返回错误信息。下面我们来看一个关于 open()方法的例子：

```
<input type="button" value="打开窗口" onclick="openWindow()"/>
<input type="button" value="关闭新窗口" onclick="closeWindow()"/>
<script language="JavaScript" type="text/javascript">
    var newWindow;
    function openWindow(){
        var url = "abc.html";
        var features = "width=300,height=300,left=250,top=200,location=0";
        newWindow = window.open(url,null,features);
    }
    function closeWindow()
    {
        if(newWindow){
            newWindow.close();
        }
    }
</script>
```

页面中定义了两个按钮，一个用于打开新窗口，通过调用 window.open()方法传入需要引入的页面路径，以及窗口名称和新窗口打开时候的外观参数，该方法的返回值为对新窗口的引用，用全局变量保存起来；第二个按钮则表示关闭打开的新窗口。在关闭打开的新窗口之前，用 if 语句判断该对象是否存在，如果存在，则调用其 close()方法关闭窗口。

Window 对象为 Web 应用开发者提供了丰富的属性和操作浏览器窗口及事件的方法，通过 Window 对象，可以访问对象关系层次中处于其下层的对象如 Screen 对象等。下面讨论与浏览器紧密相关的 Screen 对象。

6.4　Screen 对象

在 Web 应用程序中，为某种特殊目的如固定文档窗口相对于屏幕尺寸的比例、根据显示器的颜色位数选择需要加载的目标图片等，都需要首先获得屏幕的相关信息。Screen 对象提供了 height 和 width 属性用于获取客户屏幕的高度和宽度信息，如分辨率为 1024×768 的显示器，调用这两个属性后分别返回 1024 和 768。但并不是所有的屏幕区域都可以用来

第6章 Window 及相关顶级对象

显示文档窗口,如任务栏等都占有一定的区域。为此,Screen 对象提供了 availHeight 和 availWidth 属性来返回客户端屏幕的可用显示区域。一般来说,Windows 操作系统的任务栏默认在屏幕的底部,也可以被拖动到屏幕的两侧或者顶部。假定屏幕的分辨率为 1024×768,当任务栏在屏幕的底部或者顶部时,其占据的屏幕区域大小为 1024×30(像素);当任务栏被拖动到屏幕两侧时,其占据的屏幕区域大小为 60×768。

表 6-3 列出了 Screen 对象的常用属性。

表 6-3

属 性	简 要 说 明
availHeight	返回客户端屏幕分辨率中可用的高度(像素)
availWidth	返回客户端屏幕分辨率中可用的宽度(像素)
height	返回客户端屏幕分辨率中的高度(像素)
width	返回客户端屏幕分辨率中的宽度(像素)

通过 Screen 对象的属性获得屏幕的相关信息后,结合 Window 对象有关窗口移动、更改尺寸的属性,可准确定位目标窗口,如实际应用中可将窗口最大化、设定窗口位置等。下面我们看关于 Screen 对象的示例:

```
<!DOCTYPE html>
<html>
<body>

<script>

document.write("可用宽度:" + screen.availWidth);
document.write("可用高度:" + screen.availHeight);
</script>

</body>
</html>
```

运行后页面初始效果如图 6-10 所示。

在页面中单击"初始化浏览器窗口"按钮,按照 InitWindow()函数设定的参数值初始化目标窗口。通过 Window 对象的 moveTo()方法将窗口移动到(200,200)位置,并通过其 resizeTo()方法改变目标窗口大小为 480×320,单位均为像素值。

单击"将浏览器窗口居中"按钮,JavaScript 脚本通过 Screen 对象的 width 和 height 属性即窗口的宽度和高度计算窗口居中时其左上顶点的坐标,并通过 Window 对象的 moveTo()方法将目标窗口居中。

单击"全屏化浏览器窗口"按钮,触发 MaxWindow()函数,调用其支持的属性,通过 Window 对象的 moveTo()和 resizeTo()方法将目标窗口最大化。

基于任务驱动模式的 JavaScript 程序设计案例教程

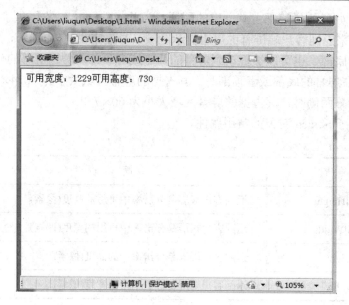

图 6-10

Screen 对象保存了客户端屏幕的相关信息，与文档本身相关程度较弱。下面介绍在顶级对象模型中与浏览器浏览网页后保存已访问页面和所在位置相关信息的 History 对象和 Location 对象。

6.5 History 对象

在顶级对象模型中，History 对象处于 Window 对象的下一个层次，主要用于跟踪浏览器最近访问的历史 URL 地址列表，但除了 NN4+中使用签名脚本并得到用户许可的情况之外，该历史 URL 地址列表并不能由 JavaScript 脚本显示读出，而只能通过调用 History 对象的方法模仿浏览器的动作来实现访问页面之间的漫游。

6.5.1 back() 和 forward()

History 对象提供 back()、forward()和 go()方法来实现站点页面的导航。back()和 forward()方法实现的功能分别与浏览器工具栏中"后退"和"前进"导航按钮相同，而 go()方法可接受合法参数，并将浏览器定位到由参数指定的历史页面。这三种方法触发脚本检测浏览器的历史 URL 地址记录，然后将浏览器定位到目标页面，整个过程与文档无关。

站点导航是 back()和 forward()方法应用最为广泛的场合，可以想象在没有工具栏或菜单栏的页面(如用户注册进程中间页面等)中设置导航按钮的必要性。如果在网站中的每一个页面或者大部分页面中加入下面两句代码，则可以实现类似于浏览器前进和后退功能的页面导航。

```
<input type="button" value="前进" onclick="history.forward()"/>
<input type="button" value="返回" onclick="history.back()"/>
```

值得注意的是，History 对象的 back()和 forward()方法只能通过目标窗口或框架的历史 URL 地址记录列表分别向后和向前延伸，两者互为平衡。这两种方法有个显著的缺点，就是只能实现历史 URL 地址列表的顺序访问，而不能实现有选择的访问。为此，History 对象引入了 go()方法实现历史 URL 地址列表的随机访问。

6.5.2 go()

History 对象提供另外一种站点导航的方法即 history.go(index|URLString)，该方法可接受两种形式的参数：

(1) 参数 index 传入导航目标页面与当前页面之间的相对位置，正整数值表示向前，负整数值表示向后。

(2) 参数 URLString 表示历史 URL 列表中目标页面的 URL，要使 history.go(URLString)方法有效，则 URLString 必须存在于历史 URL 列表中。

History 对象的 go()方法可传入参数 0 并设置合适的间隔时间计时器来实现文档页面重载。同时，history.go(-1)等同于 history.back()，history.go(1)等同于 history.forward()。

实际应用中，由于历史 URL 地址列表对用户而言一般为不可见的，所以其相对位置不确定，很难使用除-1、1 和 0 之外的参数调用 go()方法进行准确的站点页面导航。

理解了保存浏览器访问历史 URL 地址信息的 History 对象，下面介绍与浏览器当前文档 URL 信息相关的 Location 对象。

6.6 Location 对象

Location 对象在顶级对象模型中处于 Window 对象的下一个层次，用于保存浏览器当前打开的窗口或框架的 URL 信息。如果窗口含有框架集，则浏览器的 Location 对象保存其父窗口的 URL 信息，同时每个框架都有与之相关联的 URL 信息。在深入了解 Location 对象之前，先简单介绍 URL 的概念。

6.6.1 统一资源定位器(URL)

URL(Uniform Resource Locator，统一资源定位器，以下简称 URL)是 Internet 上用来描述信息资源的字符串，主要用在各种 WWW 客户程序和服务器程序上。采用 URL 可以用一种统一的格式来描述各种信息资源，包括文件、服务器地址和目录等。

URL 常见格式如下：

```
protocol://hostname[:port]/[path][?search][#hash]
```

各参数的意义如下：

protocol：访问 Internet 资源和服务的网络协议。常见的协议有 Http、Ftp、File、Telnet、Gopher 等。

hostname：要访问的资源和服务所在的主机对应的域名，由 DNS 负责解析。常见的如 www.baidu.com、www.lenovo.com 等。

port：网络协议所使用的 TCP 端口号。此参数可选，并且在服务器端可自由设置。例如，Http 协议常使用 80 端口等。

path：要访问的资源和服务相对于主机的路径。此参数可选。假设目标页面"query.cgi"相对于主机 hostname 的位置为/MyWeb/htdocs/，访问该页面的网络协议为 Http，则通过 http://hostname/MyWeb/htdocs/query.cgi 可访问目标页面。

search：URL 中传递的查询字符串，该字符串通过环境变量 QUERY_STRING 传递给 CGI 程序，并使用问号(?)与 CGI 程序相连。若有多项查询目标，则使用加号(+)连接。此参数可选。例如要在"query.cgi"中查询 name、number 和 code 信息，可通过语句 http://hostname/MyWeb/htdocs/query.cgi?name+number+code 实现。

hash：指定的文件偏移量，包括散列号(#)和该文件偏移量相关的位置点名称。此参数可选。例如要创建与位置点"MyPart"相关联的文件部分的链接，可在链接的 URL 后添加"#MyPart"。

URL 是 Location 对象与目标文档之间联系的纽带。Location 对象提供的方法可通过传入的 URL 将文档装入浏览器，并通过其属性保存 URL 的各项信息，如网络协议、主机名、端口号等。

6.6.2 Location 对象属性与方法

浏览器载入目标页面后，Location 对象的诸多属性保存了该页面 URL 的所有信息，其常用属性、方法如表 6-4 所示。

表 6-4

类型	项目	简要说明
属性	hash	保存 URL 的散列参数部分，将浏览器引导到文档中锚点
	host	保存 URL 的主机名和端口部分
	hostname	保存 URL 的主机名
	href	保存完整的 URL
	pathname	保存 URL 完整的路径部分
	port	保存 URL 的端口部分
	protocol	保存 URL 的协议部分，包括协议之后的冒号
	search	保存 URL 的查询字符串部分
方法	assign(URL)	将以参数传入的 URL 赋予 Location 对象或其 href 属性
	reload()	重载(刷新)当前页面

6.6.3 页面跳转和刷新

通过改变 Location 对象的 href 属性值可以实现页面跳转，类似于用户手工在地址栏输入其他地址后按回车键载入其他页面，同时也可以调用 Location 对象的 reload()方法刷新当前页面。我们看下面的简单例子：

第 6 章　Window 及相关顶级对象　

```
<input type="button" value="刷新" onclick="location.reload()"/>
<input type="button" value="去到首页" onclick="location.href='index.html';"/>
```

第一个按钮用于刷新当前页面，第二个按钮用于将页面转向到首页 index.html。

6.7　Document 对象

Document 对象包括当前浏览器窗口或框架内区域中的所有内容，包含文本域、按钮、单选框、复选框、下拉框、图片、链接等 HTML 页面可访问元素，但不包含浏览器的菜单栏、工具栏和状态栏。

Document 对象的常用属性、方法如表 6-5 所示。

表 6-5

类型	项　目	简　要　说　明
属性	referrer	返回载入当前文档的 URL
	URL	返回当前文档的 URL
方法	getElementById()	返回对拥有指定 id 的第一个对象的引用
	getElementsByName()	返回带有指定名称的对象的集合
	getElementsByTagName()	返回带有指定标签名的对象的集合
	write()	向文档写文本、HTML 表达式或 JavaScript 代码

以下代码用来判断页面是否是链接进入，自动跳转到登录页面的：

```
var preUrl=document.referrer;   //载入本页面文档的地址
if(preUrl==""){
    document.write("<h2>您不是从领奖页面进入，5 秒后将自动跳转到登录页面</h2>");
    setTimeout("javascript:location.href='login.html'",5000);
}
```

以下代码通过 Document 对象访问页面元素：

```
<input name="b1" type="button" value="改变层内容" onclick="changeLink();" /><br />
<br /><input name="season" type="text" value="春" />
<input name="season" type="text" value="夏" />
<input name="season" type="text" value="秋" />
<input name="season" type="text" value="冬" />
<br /><input name="b2" type="button" value="显示 input 内容" onclick="all_input()" />
<input name="b3" type="button" value="显示 season 内容" onclick="s_input()" />
<p id="s"></p>
```

```javascript
<script    type="text/javascript">
function changeLink(){
    document.getElementById("node").innerHTML="搜狐";
}

function all_input(){
    var aInput=document.getElementsByTagName("input");
    var sStr="";
    for(var i=0;i<aInput.length;i++){
    sStr+=aInput[i].value+"<br />";
    }
    document.getElementById("s").innerHTML=sStr;
}

function s_input(){
    var aInput=document.getElementsByName("season");
    var sStr="";
    for(var i=0;i<aInput.length;i++){
    sStr+=aInput[i].value+"<br />";
    }
    document.getElementById("s").innerHTML=sStr;
    }
</script>
```

运行后页面初始效果如图 6-11 所示。

图 6-11

想要获得文档的标题,可以使用 Document 对象的 title 属性:

```
var title = document.title;
```

想要向文档中写入内容,可以使用 write()方法:

```
document.write("hello JavaScript!");
```

想要获得文档最后的修改时间,可以使用 lastModified 属性:

```
alert(document.lastModified);
```

通过 Document 对象的 body 属性可以获得页面的 body 元素,并且可以获得并设置body 元素的相关属性:

```
//修改页面背景色
document.body.bgColor = "red";
//返回页面左边与水平滚动条左端之间的距离
var left = document.body.scrollLeft;
//返回页面顶部与垂直滚动条顶部之间的距离
var top = document.body.scrollTop;
```

下面介绍 Document 对象的一些实用效果。

(1) 制作简单的树形菜单。代码如下:

```
<script   type="text/javascript">
function show(){
if(document.getElementById("art").style.display='block'){
    document.getElementById("art").style.display='none';   //触动的 ul 如果处于显示状态,即隐藏
  }
else{
   document.getElementById("art").style.display='block';   //触动的 ul 如果处于隐藏状态,即显示
    }
}
</script>

<body>
<b><img src="images/fold.gif">树形菜单:</b>
<ul><a href="javascript:onclick=show() "><img src="images/fclose.gif">文学艺术</a></ul>
<ul id="art" class="no_circle">
<li><img src="images/doc.gif" >先锋写作</li>
        <li> <img src="images/doc.gif" >小说散文</li>
            <li><img src="images/doc.gif" >诗风词韵</li>
            </ul>
</body>
```

运行后页面初始效果如图 6-12 所示。

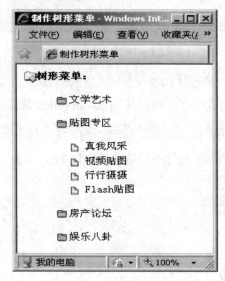

图 6-12

(2) 制作 Tab 切换效果。代码如下：

```
<script type="text/javascript">
function change(ss){
   if(ss=="top1"){
        document.getElementById("left1").style.display="block";
        document.getElementById("left2").style.display="none";
        document.getElementById("right1").style.display="block";
        document.getElementById("right2").style.display="none";
        document.getElementById("end1").style.display="block";
        document.getElementById("end2").style.display="none";
        }
   else{
        document.getElementById("left1").style.display="none";
        document.getElementById("left2").style.display="block";
        document.getElementById("right1").style.display="none";
        document.getElementById("right2").style.display="block";
        document.getElementById("end1").style.display="none";
        document.getElementById("end2").style.display="block";
      }
   }
</script>
```

```
<body>
<table border="0" cellspacing="0" cellpadding="0">
    <tr>
        <td><img src="images/left1.jpg" alt="笔记本" id="left1"/>
        <img src="images/left2.jpg" alt="笔记本" id="left2" onmouseover="change('top1')" style="display:none;"/></td>
        <td><img src="images/right1.jpg" alt="手机充值" id="right1" onmouseover="change('top2')"/>
        <img src="images/right2.jpg" alt="手机充值" id="right2" style="display:none;" /></td>
    </tr>
    <tr>
        <td colspan="2"><img src="images/end1.jpg" alt="笔记本" id="end1" />
        <img src="images/end2.jpg" alt="手机充值" id="end2" style="display:none;"/></td>
    </tr>
</table>
```

运行后页面初始效果如图 6-13、6-14 所示。

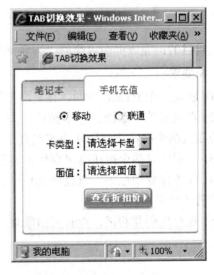

图 6-13　　　　　　　　　　　图 6-14

上 机 6

总目标

(1) 掌握 Window 对象常用属性和方法。
(2) 掌握通过 History 对象进行历史页面导航的方法。
(3) 掌握通过 Location 对象进行页面跳转的方法。

(4) 掌握通过 Document 对象进行文档控制的方法。
(5) 掌握通过 Screen 对象进行窗口定位的方法。

阶段一

上机目的：模拟通过打开新窗口的形式添加学生信息。

上机要求：

(1) 新建一个 HTML 网页，在页面中添加一个按钮，按钮文本为"添加学生信息"；

(2) 当用户点击此按钮后，调用 window.open()方法打开新窗口，新窗口显示添加学生信息页面；

(3) 注意设置新窗口的大小以及将地址栏中菜单栏去除；

(4) 用户在添加学生信息页面填写完成相关信息后，点击"保存"按钮，通过 window.confirm()方法弹出确认对话框，询问用户是否确定保存，如果点击"否"，则不做任何操作，如果点击"是"，则通过 alert()函数弹出提示信息"保存成功"，最后调用 window.close()方法将当前窗口关闭；

(5) 保存代码并测试，查看页面效果。

阶段二

上机目的：完成页面内部的"去底部"和"回顶部"的导航。

上机要求：

(1) 新建一个 HTML 页面，往里面添加一些内容，使其出现垂直滚动条；

(2) 在页面的顶部添加一个按钮"去底部"，在页面的底部添加一个按钮"回顶部"，通过点击这两个按钮能够快速地实现页面的定位；

(3) 分别给这两个按钮绑定事件处理程序；

(4) 在事件处理程序中通过修改和设定 document.body.scrollTop 的值，来起到定位导航页面位置的效果；

(5) 保存代码并测试，查看页面效果。

阶段三

上机目的：模拟注册向导功能。准备三个用来制作人才招聘网站的注册网页。注册分三步：第一步，填写用于登录的用户名和密码以及电子邮件；第二步，填写个人信息，比如联系电话、真实姓名、通讯地址等；第三步，填写个人简历信息，比如工作经历、技术专长、学历等。这三步需要在不同的页面按顺序完成。

上机要求：

(1) 新建第一个页面，用于注册用户名和密码。在页面中添加按钮"下一步"，通过点击此按钮，调用事件处理函数，在事件处理函数中通过 location.href 属性导航到第二个页面；

(2) 新建第二个页面用于填写个人信息。在此页面中有两个按钮：第一个按钮为"下一步"，点击此按钮将导航到第三个页面；第二个按钮为"返回"，点击此按钮通过 history.back()方法返回到第一个页面。

(3) 新建第三个页面用于填写个人简历。此页面中有两个按钮：第一个按钮为"返回"，用于返回到第二个页面；第二个按钮为"完成"，点击此按钮则出现提示确认对话框，显示"确定提交注册数据？"。如果点击"确定"，则关闭此窗口，表示注册完成。

(4) 保存代码并测试，查看页面效果。

作 业 6

一、选择题

1. 现在 session 中没有任何属性，阅读下面两个 JSP 中的代码，将分别输出_____。

```
<%
    out.println(session.getAttribute("nina"));
%>
<%
    session.invalidate();
    out.println(session.getAttribute("nina"));
%>
```

A、null，异常信息

B、null, null

C、异常信息，异常信息

D、异常信息，null

2. 在一个应用中有两个 JSP，在地址栏中先访问 a.jsp，再访问 b.jsp，能够实现值共享，横线处可以填入_____。(选择两项)

a.jsp:
```
<%
    _____.setAttribute("nickName","berry");
%>
```

b.jsp:
```
<%= _____.getAttribute("nickName") %>
```

A、session、 session

B、application、 application

C、request、 request

D、application、 session

3. 下面关于 JSP 作用域对象的说法错误的是_____。

A、request 对象可以得到请求中的参数

B、session 对象可以保存用户信息

C、application 对象可以被多个应用共享

D、作用域范围从小到大是 request、session、application

4. 以下代码能否编译通过，假如能编译通过，运行时得到_____输出结果。

```
<%
request.setAttribute("count",new Integer(0));
Integer count = request.getAttribute("count") ;
%>
<%=count %>。
```

A、编译不通过

B、可以编译运行，输出 0

C、编译通过，但运行时抛出 ClassCastException

D、可以编译通过，但运行无输出

5. 在 JAVAEE 实现企业级应用开发中，JSP 的_____隐式对象表示进入页面的请求数据。

A、page

B、out

C、request

D、response

6. 下面对 out 对象说法错误的是_____。

A、out 对象用于输出数据

B、out 对象的范围是 application

C、out.newLine()方法用来输出一个换行符

D、out.close()方法用来关闭输出流

7. 下面关于 request 对象说法错误的是_____。

A、request 对象是 ServletRequest 的一个实例

B、当客户端请求一个 JSP 网页时，JSP 引擎会将客户端的请求信息包装在这个 request 对象中

C、getParameter()方法返回包含指定参数的单独值的字符串

D、getServerName()返回接收请求的服务器的主机名和端口号

8. 下面关于 session 对象说法中正确的是_____。

A、session 对象提供 Web 容器和 HTTP 客户端之间的会话

B、session 可以用来存储访问者的一些特定信息

C、session 可以创建访问者信息容器

D、当用户在应用程序页之间跳转时，存储在 session 对象中的变量会被清除

9. 下面关于 pageContext 对象说法中正确的是_____。

A、getApplication()方法返回当前的 application 对象

B、getRequest()方法返回当前的 request 对象

C、getSession()方法返回当前页面的 session 对象

D、removeAttribute()方法用来删除默认页面范围或特定范围之中的已命名对象

10. 下列关于 application 对象说法中错误的是_____。

A、getAttribute(String name)方法返回由指定名字 name 的 application 对象的属性的值

B、Application 对象用于在多个程序中保存信息

C、getAttributeNames()方法返回所有 application 对象的属性的名字

D、setAttribute(String name , Object object)方法设置指定名字 name 的 application 对象的属性值 object

二、简答题

(1) 简述 setTimeout()方法和 setInterval()方法的区别。

(2) 简述交互式对话框有几种，分别有什么作用。

(3) 简述如何打开新窗口，以及如何控制新窗口的外观。

(4) 简述如何实现刷新页面的功能。

三、代码题

通过 window.setInterval()函数，结合键盘的按键事件，尝试制作一个简单的打字游戏。

第 7 章 表 单 操 作

7.1 概 述

大多数网页和用户之间的交互都发生在表单中，每个浏览器的表单中都有许多交互式的 HTML 元素：文本域、按钮、复选框和选项列表等。本章重点介绍如何操作表单以及表单元素。

7.2 表 单 操 作

由于 form 对象包含大量输入信息和用户界面元素(如文本框、按钮等)，因此在脚本编程中经常会使用它。我们常常通过获得表单对象来进一步获得表单元素对象。

7.2.1 form 对象

使用最初的 DOM 语法，可通过文档包含的表单数组索引或名字(如果在<form>标记的 name 属性中分配了一个标识符)来引用 form 对象。如果在文档中只有一个表单，那么它也是一个数组(一个元素的数组)的成员，其引用语法如下：

    document.forms[0]

使用元素名字符串作为数组索引的语法格式如下：

    document.forms["formName"]

注意：数组引用使用 form 的复数形式 forms，其后是包含元素索引号的方括号(第一个索引号通常为 0)。

7.2.2 访问表单属性

表单完全由网页中的标准 HTML 标记语言创建，用户可设置 name，target，action，method 和 enctype 属性。这些都是 form 对象的属性，访问它们的语法格式如下：

    document.forms[0].action
    Document.forms["formName"].action

要改变属性，只需简单地赋给它新值即可，其语法如下：

    document.forms[0].action = "http://www.baidu.com";

7.2.3 form.elements[]属性

除了跟踪表单中每一类的元素外,浏览器还保留一个表单中所有控件元素的列表。这个列表是一个数组,其列表项根据 HTML 标记语言在源代码中的顺序而定。使用元素名字对于直接创建这些元素的引用非常有效,但对于需要浏览所有表单元素的脚本不太有效,因此文本框的数目需要根据具体页面需求而改变。

下面的代码在 for 循环中使用 form.elements[]属性查看表单中的所有元素,并将文本框的内容清空。由于有些元素是按钮,没有可以设置为空字符串的 value 属性,因此脚本不能简单的进入表单内部,将每个元素设置为空字符串。

```
var form = document.forms[0];
for(var i = 0; i<form.elements.length; i++)
{
    if(form.elements[i].type == "text")
    {
        form.elements[i].value = "";
    }
}
```

在第一个语句中,创建一个变量 form,它含有对文档第一个表单的引用,这么做是为了以后在脚本中多次引用表单元素时能够节省代码,接着对表单中的 elements 数组元素进行循环搜索。每个表单元素有一个 type 属性,它表示表单元素的类型,文本、按钮、单选按钮和复选框等。当表单元素的 type 属性为 text 时,需要将其 value 属性设置为空字符串。

表单元素的类型如表 7-1 所示。

表 7-1

类 型	说 明	类 型	说 明
text	文本框	button	按钮
image	图片	radio	单选按钮
checkbox	复选框	textarea	文本域
file	上传控件	reset	重置按钮
submit	提交按钮	hidden	隐藏域
select-one	单选下拉框	select-multiple	多选列表

7.2.4 表单方法

表单常用的方法有两个,一个是 reset()方法,用于对表单元素进行重置操作,其作用等同于点击了表单内的重置按钮;另一个是 submit()方法,该方法较为常用,通常用于以代码的形式执行提交表单的操作。

页面中有表单,但是没有提交按钮,表单是否能提交呢?当然可以,我们可以通过在 JavaScript 中调用表单的 submt()方法来实现此效果,示例代码如下所示。

```
<form action="nina.html">
    <input type="button" value="普通按钮也能实现提交操作" onclick="doSubmit()"/>
</form>
<script>
    function doSubmit(){
        document.forms[0].submit();
    }
</script>
```

上述代码通过调用表单对象的 submit()方法实现了表单的提交，所以我们可以随时在代码中控制表单的提交操作，这样也使得我们的应用更加灵活。

7.3 表单元素操作

表单元素作为表单不可或缺的重要组成部分，在网页中扮演着举足轻重的角色，而通过 JavaScript 对表单元素进行操作对于 Web 开发来说简直就是家常便饭，本节将讲述如何通过 JavaScript 对各种表单元素进行操作。

7.3.1 通用属性

很多表单元素之间有着相同的属性，这些属性的作用和用法都是相同的，下面介绍表单元素中常用的通用属性。

(1) disabled 属性是指禁用某个控件，使其不可用，用户不能用鼠标对其进行操作，该控件也不能获得焦点，而且被禁用控件的外表会被灰化，使其与其他正常的控件区别开来，更重要的是，如果该控件被禁用，则当表单提交时，后台处理程序不能获得该禁用控件的对应值。

可以在元素标签中 disabled 属性默认禁用该控件，disabled 属性的值是一个布尔值，true 或 false。例如禁用一个文本框：

```
<input type="text" disabled="true"/>
```

也可以通过脚本操纵 disabled 属性来禁用或者启用控件，例如：

```
obj.disabled = true;     //禁用控件
obj.disabled = false;    //启用控件
```

(2) readOnly 属性主要是针对文本框和文本域，该属性和 disabled 属性一样，对应的都是布尔值类型，true 或 false，如果文本框被设置为 readOnly 即只读，那么该文本框将不能获得焦点，且该文本框不能输入内容也不能修改文本框中的内容。这是该属性和 disabled 属性的共同特点，不同的是，readOnly 属性如果设置为 true 时，控件的外观不会发生改变，而且在表单提交的时候，后台应用程序依然可以接收到控件对应的值。

需要注意的是，虽然在页面上用户不能输入或者修改被设置成为只读的文本框的内容，但是可以通过脚本来对文本框中的内容进行操作。

在元素标签中设置控件的 readOnly 属性：

```
<input type="text" readonly="true"/>
```

也可以通过脚本操纵 readOnly 属性来设置或者取消文本框的只读属性：

```
obj.readOnly = true;      //设置为只读
obj.readOnly = false;     //取消只读
```

(3) display 属性是元素样式 style 属性的一个子属性，通过对 style 属性中 display 属性的控制，可达到显示和隐藏控件的效果。如果想隐藏控件，则可以在标签中设定，例如隐藏一个文本框：

```
<input type="text" style="display:none"/>
```

这样控件在页面中就默认不显示了，但是该控件还真实存在于页面中，只是用户看不到，而且如果表单提交的话，后台程序是可以获得该控件的值的。通过脚本控制元素的 style 属性，其语法如下：

```
obj.style.display = "none";    //隐藏控件
obj.style.display = "block";   //显示控件
```

7.3.2 文本框

文本框在页面中用于接收用户的输入，是一个使用频率很高的表单控件，接收各种形式的字符串，下面介绍文本框的常用操作。

通过 value 属性获得或设置文本框的内容，其语法如下：

```
var val = document.getElementById("username").value;
```

通过文本框的 focus()方法可以让文本框获得焦点，而其他大部分表单元素也依然可以通过此方法来使自身获得焦点，其语法如下：

```
document.getElementById("username").focus();
```

通过文本框的 select()方法可以让文本框中的内容选中，其语法如下：

```
document.getElementById("username").select();
```

还可以通过 onfocus 属性给文本框绑定 focus 事件,在获得焦点的时候能够触发此事件，以及相对应的 blur 事件，该事件会在失去焦点的时候触发；与此同时，文本框还有常用事件，如 change 事件在文本内容改变的时候触发，以及 keyUp、keyDown、keyPress 等常用的键盘按键事件。

7.3.3 复选框

在图形用户界面中，复选框可以在选中与未选中之间切换。两个或更多的复选框在物理上可以组合在一起，但它们之间没有相互作用，每一个都是独立设置的。

复选框的<input>标记默认为未选中，在定义中添加常量 checked 属性可以预先设置选中复选框，这样，在网页显示时该复选框被选中。复选框标签文本定义在<input>标记外，标签不是复选框的一部分。下面介绍复选框的常用属性：checked 属性。

checked 属性：此属性是最简单的复选框属性，表示(或者设置)复选框是否选中。true 值对应选中，而 false 值对应未选中。为使脚本能勾选复选框，只需要将复选框的 checked 属性设置为 true 即可，其语法如下：

```
document.getElementById("isRead").checked = true;
```

从脚本设置 checked 属性并不会为复选框对象触发单击事件。

如果网页设计要求复选框在网页加载后选中，那么不要试图用脚本完成这一操作，只需要将 checked 属性加到<input>标记中即可。由于 checked 属性是 Boolean 值，因此可以用这一结果作为 if 语句的参数。

下面我们来通过复选框完成一个全选的操作。全选的操作实现的手法很多，我们这里通过对同名的复选框进行抓取来实现。示例代码如下所示。

```html
<script type="text/JavaScript">
    function check(){
        var oInput=document.getElementsByName("product");
        for (var i=0;i<oInput.length;i++){
            if (document.getElementById("all").checked==true){
                oInput[i].checked=true;
            }
            else {
                oInput[i].checked=false;
            }
        }
    }
</script>

<body><table border="0" cellspacing="0" cellpadding="0" class="bg">
<form action="" method="post">
  <tr>
    <td style="height:40px;"> </td>
    <td> </td>
    <td> </td>
    <td> </td>
  </tr>
  <tr style="font-weight:bold;">
    <td><input id="all" type="checkbox" value="全选" onclick="check();" />全选</td>
    <td>商品图片</td>
    <td>商品名称/出售者/联系方式</td>
    <td>价格</td>
  </tr>
```

```
         <tr>
           <td colspan="4"><hr style="border:1px    #CCCCCC dashed" /></td>
         </tr>


         <tr>
           <td><input name="product" type="checkbox" value="1" /></td>
           <td><img src="images/list0.jpg" alt="alt" /></td>
           <td>杜比环绕，家庭影院必备，超真实享受<br />
           出售者：ling112233<br />
           <img src="images/online_pic.gif" alt="alt" />   
<img src="images/list_tool_fav1.gif" alt="alt" /> 收藏</td>
           <td>一口价<br />
           2833.0 </td>
         </tr>
         <tr>
<td colspan="4"><hr style="border:1px    #CCCCCC dashed" /></td>
         </tr>
         <tr>
           <td><input name="product" type="checkbox" value="2" /></td>
           <td><img src="images/list1.jpg" alt="alt" /></td>
           <td>NVDIA 9999GT 512MB 256bit 极品显卡，不容错过<br />
             出售者：aipiaopiao110 <br />
           <img src="images/online_pic.gif" alt="alt" />   
<img src="images/list_tool_fav1.gif" alt="alt" /> 收藏</td>
           <td>一口价<br />
           6464.0 </td>
         </tr>
         <tr>
<td colspan="4"><hr style="border:1px    #CCCCCC dashed" /></td>
         </tr>
         <tr>
           <td><input name="product" type="checkbox" value="3" /></td>
           <td><img src="images/list2.jpg" alt="alt" /></td>
           <td>精品热卖：高清晰，30 寸等离子电视<br />
             出售者：阳光的挣扎  <br />
           <img src="images/online_pic.gif" alt="alt" />   
           <img src="images/list_tool_fav1.gif" alt="alt" /> 收藏</td>
           <td>一口价<br />
           18888.0 </td>
```

```
                </tr>
                <tr>
<td colspan="4"><hr style="border:1px    #CCCCCC dashed /></td>
                </tr>
                <tr>
        <td><input name="product" type="checkbox" value="4" /></td>
        <td><img src="images/list3.jpg" alt="alt" /></td>
        <td>Sony 索尼家用最新款笔记本  <br />
            出售者：疯狂的镜无<br />
        <img src="images/online_pic.gif" alt="alt" />   
        <img src="images/list_tool_fav1.gif" alt="alt" /> 收藏</td>
            <td>一口价<br />
            5889.0 </td>
        </tr>
        <tr>
<td colspan="4"><hr style="border:1px    #CCCCCC dashed /></td>
        </tr>
        </form>
    </table>

</body>
```

在表格的表头中，有一个复选框用于实现全选和取消全选的操作，该复选框和其他复选框的名字不同，在表头复选框中绑定点击事件，在事件处理程序中将其自身作为参数传入事件处理程序，通过 getElementsByName()方法获得所有同名的复选框对象，循环修改其 checked 属性。

运行后，点击全选复选框实现全选效果，效果如图 7-1 所示。

图 7-1

7.3.4 单选按钮

单选按钮对象在 JavaScript 应用程序体中不常用。在其他表单控件中，一个对象对应于屏幕上一个可见的元素，但由于单选按钮的本质是在两个或多个选项中进行互斥选择，因此，单选按钮对象实际上由一组单选按钮组成，一组中常常有多个可见元素。组中的所有单选按钮共享一个名字，浏览器知道如何将单选按钮组合在一起，然后在单选按钮组中通过一个单选按钮的单击事件取消其他单选按钮的选中状态。除此之外，每个单选按钮都可以有自己的属性，比如 value 或 checked 属性。

JavaScript 数组语法能访问单选按钮组中某个单选按钮的信息。看看下面这个示例。

```
<input type="radio" name="color" value="red" checked="checked"/>red
<input type="radio" name="color" value="yellow"/>yellow
<input type="radio" name="color" value="blue"/>blue
```

这个单选按钮组显示在网页中后，第一个单选按钮已经被预先选中了，要访问任何单选按钮，需要用一个数组索引值作为单选按钮组名的一部分，例如：

```
var red = document.forms[0].color[0].value;
var yellow = document.forms[0].color[1].value;
```

如果想要判断是否有选中项，则可以按照下面这个函数的写法进行。

```
function hasSelected(){
    var radList = document.forms[0].color;
    for(var i = 0;i<radList.length;i++){
        if(radList[i].checked){
            return true;
        }
    }
    return false;
}
```

上述代码循环遍历每一个单选按钮元素，然后通过其 checked 属性来判断其是否被选中，如果有选中项，则直接返回 true，如果循环已经遍历完了还是没有选中项，说明确实没有选中一项，所以直接返回 false。

7.3.5 下拉框对象

在网页中，选择列表可以使用相对较小的空间来提供大量的信息。网页上的选择列表包括弹出式和滚动式两种形式。

与其他 JavaScript 对象相比，由于列表项数据的复杂性，因此在脚本中使用 select 元素对象时比较复杂。select 元素由 select 元素对象和 option 元素对象组成，option 元素对象包含用户选择的真正选项，一些对脚本设计者非常有价值的属性属于 select 对象，而其余的属性属于嵌套的 option 对象。例如，可以提取列表中当前选项的编号(索引)，它是整个 select

对象的一个属性，但为得到选中选项的显示文本，必须得到为对象定义的所有选项中单个选项的 text 属性。

在表单中定义一个 select 对象时，<select></select>标记对的构造很容易产生混淆。首先，定义整个对象的大多数特性(如 name 属性、size 属性和事件处理程序等)都是开始<select>标记的特性。在开始标记的结束处和结尾</select>标记之间，包含显示在列表中的每个选项的额外标记。下面的对象定义创建了一个选择弹出式列表，它包含三个颜色选项，具体代码如下：

```html
<form>
    <select name="colors" onchange="changeColor(this)">
        <option selected="selected">red</option>
        <option>blue</option>
        <option>green</option>
    </select>
</form>
```

在默认情况下，select 元素作为弹出式列表显示，为把它显示为滚动式列表，需要赋给 size 属性一个大于 1 的整数值，用这个值指定列表中不需要滚动就能显示的选项个数，也就是列表框的高度，以行数计量。

下面介绍 select 元素的常用属性。

(1) value 属性：select 元素的 value 属性用于获得选中项的值，如果该选中项未设定 value 属性，则返回的是空字符串。下列代码显示如何获得选中项值。

```html
<select onchange="showValue(this)">
    <option selected="selected" value="red">red</option>
    <option value="blue">blue</option>
    <option value="green">green</option>
</select>

<script type="text/javascript">
    function showValue(sel){
        alert(sel.value);
    }
</script>
```

上述代码给下拉框绑定了 onchange 事件，在切换完下拉框的选项后，则弹出当前选中项的值。

(2) length 属性：select 元素的 length 属性用于获得下拉框选择项的数量，返回一个整型值，例如上述代码有三个选项，则 length 属性将返回 3。其语法如下：

```javascript
var count = sel.length;
```

同时还可以通过修改此 length 属性的值来实现删除下拉框选项的目的。比如：

```
sel.length = 0;
```

上述代码表示清空所有选项，成为一个空的下拉列表。

（3）selectedIndex 属性：当用户在选择列表中做出一个选择时，selectedIndex 属性改变为列表中相应选项的编号，第一个选项的编号为 0。对于需要提取这个编号或选中选项的文本以便做进一步处理的脚本来说，这一信息非常有用：可以用这一信息作为获得选中项属性的捷径。要检查一个 select 对象的 selected 属性，不必循环遍历每个选项，可以使用对象的 selectedIndex 属性作为选中项的引用填入索引值。在这种情况下，语句可能比较长，但从执行的角度来看，这个方法是最有效的。然而，如果 select 对象是多项选择类型，那么 selectedIndex 属性的值就表示列表中所有选中项的第一项的索引。

此属性用于获得选中项下标，从 0 开始计数。其语法如下：

```
var index = sel.selectedIndex;
```

也可以通过修改此属性的值，让某一项被选中，比如让第二项被选中。其语法如下：

```
sel.selectedIndex = 1;
```

除了通过此属性，select 元素的 value 属性也可以用于绑定选中项。例如：

```
sel.value="blue"
```

通过上述代码，则选项中 value 属性值为 blue 的选项将被选中。

（4）options 属性：options 属性是一个对象数组，保存了下拉框中所有下拉选项对象的集合，所有的下拉选项都以对象的形式保存在此数组中，所以通过下标可以获得某个下拉选项对象。其语法如下：

```
//获得第一项选择项
var opt = sel.options[0]
```

同时也可以通过获得数组的长度来获得选项的数量。例如：

```
//两种写法效果一样
var count = sel.length;
var count2 = sel.options.length;
```

在获得选项后，可以通过调用下拉选项对象的 value 属性或者 text 属性获得对应选项的值或文本。如果想要获得选中项的值或者文本，则可以借助 selectedIndex 的帮助。下列代码演示了如何获得选中项的值和文本内容。

```
//获得下拉框对象
var sel = document.getElementById("sel");
//获得下拉框选中项下标
var index = sel.selectedIndex;
//获得选中项对象
var opt = sel.options[index];
//获得选中项的值
```

```
        var val = opt.value;
        //获得选中项的文本
        var text = opt.text;
        //判断该项是否选中
        var isSelect = opt.selected;
```

下拉框对象的 value、text 的属性值不仅可以用于读取，也是可写属性，所以也可以通过这些属性来修改下拉选项的值或文本内容。

如果要从列表中删除一个选项，可将特定选项设置为空。代码如下所示。

```
        sel.options[1] = null;
```

如果想要在下拉框选项的末尾再添加一个新的下拉框选项，则需要构建一个新的下拉框选项，追加到末尾，而末尾的下标则正好是数组的长度所指定的值，下面代码则演示了这一操作。

```
        var len = sel.length;
        sel.options[len] = new Option("value","text");
```

上述代码中通过 Option 对象构建了一个新的下拉框选项，同时追加在末尾，需要注意的是，Option 对象在书写的时候是严格区分大小写的。

7.4 表单验证

表单在提交的时候会触发一个事件——submit 事件，该事件可以通过<form>标签的 onsubmit 属性进行绑定和设置，这样在表单提交的时候可以触发，执行相关的事件函数。

表单的作用是提交数据到服务器，如果用户填写的数据不规范，则提交到后台的数据可能影响后台程序的运行，为了保证数据的规范性，可以在提交表单时对表单进行数据验证，可以在表单的 onsubmit 事件处理程序调用的函数中完成这项工作。如果验证发现了一些不正确的数据或空白域，那么就可以根据验证函数的结果取消提交。为了控制这个提交，onsubmit 事件处理程序必须求值得到 return true(允许继续提交)或 return false(取消提交)。它不仅需要调用的函数返回 true 或 false，而且 return 关键字必须是最终值的一部分。

下面来看一个简单的表单验证的例子：

```
        <script type="text/javascript">
            function doValidate(){
                var user = document.getElementById("username");
                if(user.value == ""){
                    alert("用户名不能为空");
                    user.focus();
                    return false;
                }
```

```
        return true;
    }
</script>
<form action="save.html" onsubmit="return doValidate()">
    用户名：<input name="username"/>
    <input type="submit" value="提交"/>
</form>
```

上述代码为表单绑定了 onsubmit 事件，在提交表单的时候会触发该事件，从而调用 doValidate()事件应用程序，该 doValidate()方法中判断文本框是否有内容输入，如果未填写，则给出相应警告提示，同时将焦点定位在该文本框中，最后返回 false，如果数据验证通过则返回 true。该方法的返回值会通过 onsubmit 事件绑定中的 return 关键字继续向上返回，事件对象会根据该方法的返回值来判断表单是继续提交还是中止提交，这样来完成表单数据的验证流程。

程序运行后，如果未填写内容直接点击"提交"按钮，则会给出相应警告提示，同时中止表单的提交。运行效果如图 7-2 所示。

图 7-2

上述代码给我们演示了一个最简单的表单验证的验证流程，而实际上，表单验证远远不止这么简单，它需要根据不同的业务需求和不同的表单控件采取不同的验证方法。比如验证输入的内容是否为数值，可以调用 isNaN()方法来进行。

下面给大家演示一个较为完整的表单验证示例，该表单中涵盖了多种表单控件。

```
<script type="text/javascript">
function check(){
    /*名字的验证*/
    var user=document.getElementById("fname").value;
    if(user==""){
        alert("名字不能为空");
        return false;
    }
    for(var i=0;i<user.length;i++){
        var j=user.substring(i,i+1)
```

```
            if(j>=0){
                alert("名字中不能包含数字");
            }
        }
/*姓氏的验证*/
var lname=document.getElementById("lname").value;
    if(lname==""){
        alert("姓氏不能为空");
        return false;
    }
    for(var i=0;i<lname.length;i++){
        var j=lname.substring(i,i+1)
        if(j>=0)
        {
            alert("姓氏中不能包含数字");
        }
    }
/*验证密码*/
var pwd=document.getElementById("pass").value;
if(pwd=="")
{
    alert("密码不能为空");
    return false;
}
    if(pwd.length<6)
    {
        alert("密码必须等于或大于 6 个字符");
        return false;
    }
    var repwd=document.getElementById("rpass").value;
    if(pwd!=repwd)
    {
        alert("两次输入的密码不一致");
        return false;
    }
/*验证邮箱*/
var mail=document.getElementById("email").value;
    if(mail=="")
        {//检测 Email 是否为空
```

```
            alert("Email 不能为空");
            return false;
        }
        if(mail.indexOf("@")==-1)
        {
            alert("Email 格式不正确\n 必须包含@");
            return false;
        }
        if(mail.indexOf(".")==-1)
        {
            alert("Email 格式不正确\n 必须包含.");
            return false;
        }
        return true;
    }
</script>
        <form id="form1" method="post" action="register_success.htm" onsubmit="return check()">
        <table id="main" class="reg_bg" cellpadding="0px">
            <tbody>
            <tr class="h58">
                <td colspan="3"> </td>
                    <td rowspan="11">
                        <h4><img src="images/read.gif" alt="alt" />阅读贵美网服务协议 </h4>
                            <textarea id="textarea" cols="30" rows="15">欢迎阅读服务条款协议，本协议阐述之条款和条件适用于您使用 Gmgw.com 网站的各种工具和服务。

    </textarea>
                    </td>
            </tr>
            <tr class="register_table_line">
                <td class="input_title" >名字：</td>
                <td class="input_content">
                    <input id="fname" type="text"  class="reg_text"  size="24" /></td>
            </tr>
            <tr class="register_table_line">
                <td class="input_title" >姓氏：</td>
                <td class="input_content">
                    <input id="lname" type="text" class="reg_text" size="24" /></td>
            </tr>
```

```html
<tr class="register_table_line">
    <td class="input_title" >登录名：</td>
    <td class="input_content">
        <input name="sname" type="text"  class="reg_text"  size="24" />(可包含 a-z、0-9 和下划线)
    </td>
</tr>
<tr class="register_table_line">
    <td class="input_title" >密码：</td>
    <td class="input_content">
        <input id="pass" type="password"  class="reg_text"  size="26" />(至少包含 6 个字符)</td>
</tr>
<tr class="register_table_line">
    <td class="input_title" >再次输入密码：</td>
    <td class="input_content">
        <input id="rpass"  type="password" class="reg_text" size="26" />
    </td>
</tr>
<tr class="register_table_line">
    <td class="input_title" >电子邮箱：</td>
    <td class="input_content">
        <input id="email" type="text" class="reg_text" size="24" />(必须包含 @ 和.字符)</td>
</tr>
<tr class="register_table_line">
    <td class="input_title" >性别：</td>
    <td class="input_content">
        <input id="gen" style="border:0px;" type="radio" value="男" checked="checked" />
        <img src="images/Male.gif" width="23" height="21" alt="alt" />男 
        <input name="gen" style="border:0px;" type="radio" value="女" class="input" />
        <img src="images/Female.gif" width="23" height="21" alt="alt" />女
    </td>
</tr>
<tr class="register_table_line">
    <td class="input_title" >头像：</td>
    <td class="input_content">
    <input type="file" />
    </td>
</tr>
```

```html
<tr class="register_table_line">
    <td class="input_title" >爱好：</td>
    <td class="input_content">
    <label>
        <input type="checkbox" id="checkbox" value="checkbox" />
    </label>
        运动  
    <label>
        <input type="checkbox" id="checkbox2" value="checkbox" />
    </label>
        聊天  
    <label>
        <input type="checkbox" id="checkbox3" value="checkbox" />
    </label>
        玩游戏
    </td>
</tr>
<tr class="register_table_line">
    <td class="input_title">出生日期：</td>
    <td class="input_content">
        <input id="nYear" class="reg_text n4" value="yyyy" maxlength="4" /> 年  
        <select id="nMonth">
            <option value="" selected="selected">[选择月份]</option>
            <option value="0">一月</option>
            <option value="1">二月</option>
            <option value="2">三月</option>
            <option value="3">四月</option>
            <option value="4">五月</option>
            <option value="5">六月</option>
            <option value="6">七月</option>
            <option value="7">八月</option>
            <option value="8">九月</option>
            <option value="9">十月</option>
            <option value="10">十一月</option>
            <option value="11">十二月</option>
        </select> 月  
        <input id="nDay" class="reg_text n4" value="dd" size="2" maxlength="2" />日
    </td>
```

```html
        </tr>
        <tr class="register_table_line">
          <td class="input_title h35" > 
              </td>
          <td class="input_content h35">
              <input type="image" id="Button" style="border:0px;" src="images/submit.gif" />
              <img src="images/reset.gif" onclick="javascript:form1.reset();" style="cursor:pointer;" alt="重置" />
          </td>
        </tr>
        <tr>
          <td colspan="2" class="h65"> </td>
        </tr>
      </tbody>
    </table>
  </form>
```

在上述代码中，对一个用户注册页面进行了表单数据提交的验证，在验证中对用户名、密码以及重复密码进行了非空验证，同时对两次密码进行比对，要求两次填写的密码必须一致。

在上述验证中，如果验证失败，则通过 alert()函数弹出警告框提示，与此同时，还可以通过在文本框后面添加 div 或者 label 元素的形式，将错误消息显示在文本框后面，这样便不会中断用户操作了。上述代码运行后的页面效果如图 7-3 所示。

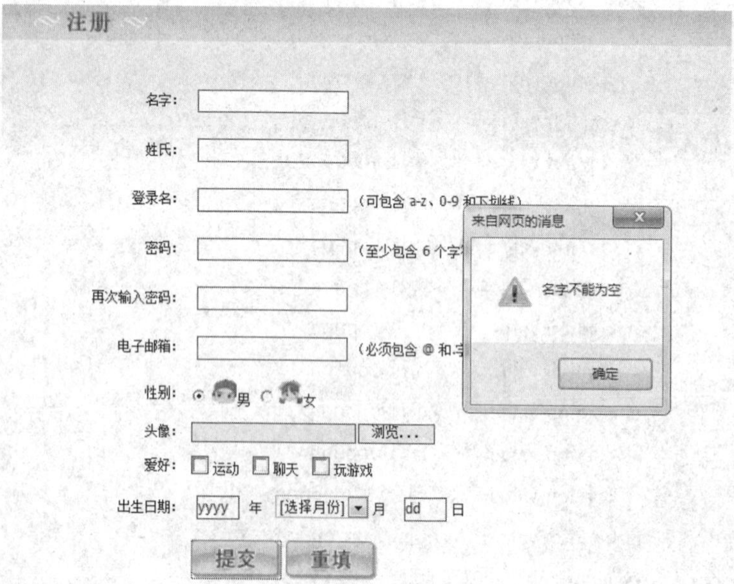

图 7-3

在实现表单验证的情况下,使用 JavaScript 实现文本输入提示特效。请看如下示例:

```css
<style type="text/css">
body{lmargin:0;
    padding:0;}
    p1{font-size:12px;
    text-align:right;
    height:28px;
    width:80px;
}
input{font-size:12px;
    border:solid 1px #61b16a ;
    width:150px;
    height:20px;
    float:left;
}
.submit{
    font-size:12px;
    background-color:#eeeeee;
    border:solid 1px #cccccc ;
    width:60px;
    height:23px;
    padding-top:3px;
}
textarea{
    font-size:12px;
    border:solid 1px #61b16a ;
    float:left;
}
div{
    font-size:12px;
    line-height:20px;
    text-align:left;
    float:left;
}
.font_error{font-size:12px;
    color:#ff0000;
}
#mytable{
```

```css
        margin-top: 0px;
        margin-right: auto;
        margin-bottom: 0px;
        margin-left: auto;
        width:760px;
    }
    #main{border-left:solid 1px #7bcc87;
        border-right:solid 1px #7bcc87;
        background-color:#f9f8ff;
        }
    #center{
        margin-top: 0px;
        margin-right: auto;
        margin-bottom: 0px;
        margin-left: auto;
        width:80%;
    }
</style>
```

```html
<script type="text/javascript">
  function $(pElementID)
  {
      return document.getElementById(pElementID);
  }
    <!--用户名验证开始-->

function checkUser ()
{
    var oContainer = $("userinfor");
    var pUserName=$("username");
    oContainer.innerHTML="";
    oContainer.className = "font_error";

    if ( pUserName.value == "" ) {
        oContainer.innerHTML = "请输入用户名！"
        return false;
    }

    if (pUserName.value.length> 16 || pUserName.value.length< 4 )
```

```
            {
                oContainer.innerHTML = "用户名最长只能占 16 位字符，最短 4 个字符，请重新填写！"
                return false;
            }
        }
<!--用户名验证结束-->
<!--密码验证结束-->
function  checkpwd(){
    var pwd=$("pwd");
    var pwdinfor=$("pwdinfor");
    pwdinfor.innerHTML="";
    var pwdinfor = $("pwdinfor");
    if(pwd.value==""){
        pwdinfor.className="font_error"
        pwdinfor.innerHTML="密码不能为空";
        return false;
    }
    if(pwd.value.length<6){
        pwdinfor.className="font_error"
        pwdinfor.innerHTML="密码不能少于 6 位";
        return false;
    }
}
<!--密码验证结束-->
<!--电子邮件地址验证开始-->
function checkemail(){
  var   email=$("email");
var   einfor=$("emailinfor");
einfor.innerHTML="";
    if(email.value.indexOf('@',0)==-1){
        einfor.className="font_error";
        einfor.innerHTML="您输入的电子邮件格式不正确，必须包含@";
        return false;
    }
    if(email.value.indexOf('.',0)==-1){
        einfor.className="font_error";
        einfor.innerHTML="您输入的电子邮件格式不正确，必须包含.";
        return false;
    }
```

```
        }
    <!--电子邮件地址验证结束-->
    <!--个人简介验证开始-->
    function checkintro ()
    {
        var intr= $("introinfor");
        var intro= $("intro");
        intr.innerHTML = "";
        intr.className = "font_error";
            if ( intro.value == "" )
            {
                intr.innerHTML = "请输入个人简介！"
                return false;
            }
    }
    <!--个人简介验证结束-->
</script>


<table id="mytable" border="0" cellspacing="0" cellpadding="0">
    <form action="register.html" method="post" name="myform"><tr>
        <td><img src="images/reg-top.jpg"></td>
    </tr>
    <tr>
        <td id="main"><table id="center" border="0" cellspacing="0" cellpadding="0">
    <tr><td class="p1"> 用户名：</td>
        <td> <input id="username" type="text" onblur="checkUser();"><div id="userinfor"></div></td>
    </tr>
    <tr><td class="p1" > 密  码：</td>
        <td><input id="pwd" type="password" onblur="checkpwd();"> <div id="pwdinfor"></div></td>

    </tr>
    <tr><td class="p1" >E-mail：</td>
        <td><input id="email" type="text" onblur="checkemail();"><div id="emailinfor"></div></td>
    </tr>
    <tr><td class="p1"> 个人简介：</td>
        <td><textarea id="intro" cols="30" rows="4" onblur="checkintro()"></textarea>
        <div id="introinfor"></div></td>
    </tr>
```

```
            </table>
          </td>
        </tr>
        <tr>
          <td background="images/reg-end.jpg" style="height:63px; text-align:center;"><input name="B1" type="submit" value="提交" class="submit" style="float:none;">  
            <input name="B2" type="reset" value="重置"class="submit" style="float:none;">
          </td>
        </tr></form>
      </table>
```

上述代码运行后的页面效果如图 7-4 所示。

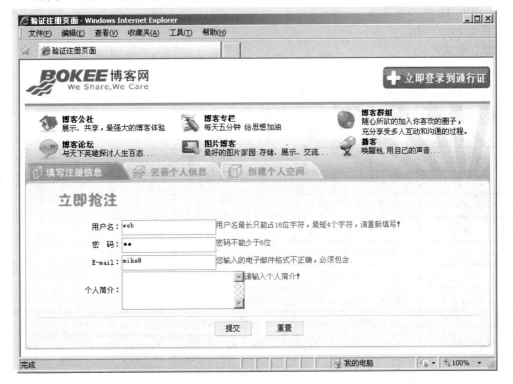

图 7-4

7.5 正则表达式

正则表达式，又称正规表示法、常规表示法(英语：Regular Expression，在代码中常简写为 regex、regexp 或 RE)，是计算机科学的一个概念。正则表达式使用单个字符串来描述、匹配一系列符合某个句法规则的字符串。在很多文本编辑器里，正则表达式通常被用来检索、替换那些符合某个模式的文本。为什么需要正则表达式，因为它能够简洁代码，并严谨的验证文本框中的内容。

(1) 定义正则表达式，有两种方式：

普通方式：

  var reg=/表达式/附加参数

如：var reg=/white/;

  var reg=/white/g;

构造函数：

  var reg=new RegExp("表达式","附加参数")

如：var reg=new RegExp("white");

  var reg=new RegExp("white","g");

(2) 表达式的模式，有两种方式：

简单模式：

  var reg=/china/;

  var reg=/abc8/;

复合模式：

  var reg=/^\w+$/;

  var reg=/^\w+@\w+.[a-zA-Z]{2,3}(.[a-zA-Z]{2,3})?$/;

(3) 常用的正则表达式的符号如表 7-2 所示。

表 7-2

符　号	说　　明
/.../	代表一个模式的开始和结束
^	匹配字符串的开始
$	匹配字符串的结束
\s	任何空白字符
\S	任何非空白字符
\d	匹配一个数字字符，等价于[0-9]
\D	除了数字之外的任何字符，等价于[^0-9]
\w	匹配一个数字、下划线或字母字符，等价于[A-Za-z0-9_]
\W	任何非单字字符，等价于[^a-zA-z0-9_]
{n}	匹配前一项 n 次
{n,}	匹配前一项 n 次，或者多次
{n,m}	匹配前一项至少 n 次，但是不能超过 m 次
*	匹配前一项 0 次或多次，等价于{0,}
+	匹配前一项 1 次或多次，等价于{1,}
?	匹配前一项 0 次或 1 次，也就是说前一项是可选的，等价于{0,1}
{n}	匹配前一项 n 次

下面我们来看几个正则表达式的例子：

示例1：验证邮政编码和手机号码。

说明：

① 中国的邮政编码都是6位；手机号码都是11位，并且手机号码的第1位都是1。

② 邮政编码和手机号码的验证的正则表达式如下：

var regCode=/^\d{6}$/;

var regMobile=/^1\d{10}$/;

下面请看该示例代码：

```
<script type="text/javascript">
function checkCode(){
    var code=document.getElementById("code").value;
    var codeId=document.getElementById("code_prompt");
    var regCode=/^\d{6}$/;
    if(regCode.test(code)==false){
        codeId.innerHTML="邮政编码不正确，请重新输入";
        return false;
        }
    codeId.innerHTML="";
    return true;s
}
function checkMobile(){
    var mobile=document.getElementById("mobile").value;
    var mobileId=document.getElementById("mobile_prompt");
    var regMobile=/^1\d{10}$/;
    if(regMobile.test(mobile)==false){
        mobileId.innerHTML="手机号码不正确，请重新输入";
        return false;
        }
    mobileId.innerHTML="";
    return true;
}
</script>

<body>
邮政编码：<input id="code" type="text" onblur="checkCode()"/>
<div id="code_prompt"></div>
手机号码：<input id="mobile" type="text" onblur="checkMobile()" />
<div id="mobile_prompt"></div>
</body>
```

上述代码运行后的页面效果如图 7-5 所示。

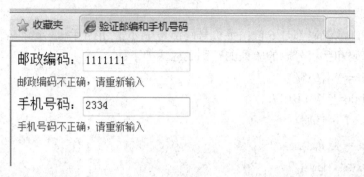

图 7-5

示例 2：对年龄进行验证，年龄必须在 0～120 之间。

说明：① 10～99 这个范围都是两位数，十位是 1～9，个位是 0～9，正则表达式为 [1-9]\d。

② 0～9 这个范围是一位，正则表达式为\d。

③ 100～119 这个范围是三位数，百位是 1，十位是 0～1，个位是 0～9，正则表达式为 1[0-1]\d。

根据以上可知，所有年龄的个位都是 0～9，当百位是 1 时十位是 0-1，当年龄为两位数时十位是 1～9，因此 0～119 这个范围的正则表达式为(1[0-1]|[1-9])?\d。

年龄 120 是单独的一种情况，需要单独列出来。

下面请看该示例代码：

```
<script type="text/javascript">
function checkAge(){
    var age=document.getElementById("age").value;
    var ageId=document.getElementById("age_prompt");
    var regAge=/^120$|^((1[0-1]|[1-9])?\d)$/m;
    //var regAge=/^[0-120]$/;
    if(regAge.test(age)==false){
        age_prompt.innerHTML="年龄不正确，请重新输入";
        return false;
    }
    age_prompt.innerHTML="";
    return true;
}
</script>

<body>
<input id="age" type="text"   onblur="checkAge()" /><div id="age_prompt"></div>
</body>
```

上述代码运行后的页面效果如图7-6所示。

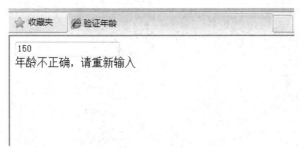

图7-6

示例3：验证注册页面，使用正则表达式验证博客园注册页面，验证用户名、密码、电子邮箱、手机号码和生日。

说明：① 用户名只能由英文字母和数字组成，长度为4～16个字符，并且以英文字母开头。

② 密码只能由英文字母和数字组成，长度为4～10个字符。

③ 生日的年份在1900～2009之间，生日格式为1980-5-12或1988-05-04的形式。

下面请看该示例代码：

```
<style type="text/css">
body{
    margin:0;
    padding:0;
    font-size:12px;
    line-height:20px;
}
.main{
    width:525px;
    margin-left:auto;
    margin-right:auto;
}
.hr_1 {
    font-size: 14px;
    font-weight: bold;
    color: #3275c3;
    height: 35px;
    border-bottom-width: 2px;
    border-bottom-style: solid;
    border-bottom-color: #3275c3;
    vertical-align:bottom;
    padding-left:12px;
```

```css
}
.left{
    text-align:right;
    width:80px;
    height:25px;
    padding-right:5px;
}
.center{
    width:135px;
}
.in{
    width:130px;
    height:16px;
    border:solid 1px #79abea;
}
.red{
    color:#cc0000;
    font-weight:bold;
}
div{
    color:#F00;
}
</style>
<script type="text/javascript">
function $(elementId)
{
    return document.getElementById(elementId).value;
}
function divId(elementId)
{
    return document.getElementById(elementId);
}
/*用户名验证*/
function checkUser()
{
    var user=$("user");
```

```
        var userId=divId("user_prompt");
        userId.innerHTML="";
        var reg=/^[a-zA-Z][a-zA-Z0-9]{3,15}$/;
         if(reg.test(user)==false)
          {
            userId.innerHTML="用户名不正确";
            return false;
          }
         return true;
}
/*密码验证*/
function checkPwd()
{
    var pwd=$("pwd");
        var pwdId=divId("pwd_prompt");
        pwdId.innerHTML="";
        var reg=/^[a-zA-Z0-9]{4,10}$/;
         if(reg.test(pwd)==false){
             pwdId.innerHTML="密码不能含有非法字符,长度在 4-10 之间";
             return false;
         }
        return true;
}


function checkRepwd()
{
    var repwd=$("repwd");
    var pwd=$("pwd");
    var repwdId=divId("repwd_prompt");
    repwdId.innerHTML="";
     if(pwd!=repwd)
      {
        repwdId.innerHTML="两次输入的密码不一致";
        return false;
      }
     return true;
}

/*验证邮箱*/
```

```javascript
function checkEmail()
{
    var email=$("email");
    var email_prompt=divId("email_prompt");
    email_prompt.innerHTML="";
    var reg=/^\w+@\w+(\.[a-zA-Z]{2,3}){1,2}$/;
        if(reg.test(email)==false)
        {
            email_prompt.innerHTML="Email 格式不正确，例如 web@sohu.com";
            return false;
        }
    return true;
}
/*验证手机号码*/
function checkMobile()
{
    var mobile=$("mobile");
    var mobileId=divId("mobile_prompt");
    var regMobile=/^1\d{10}$/;
    if(regMobile.test(mobile)==false)
    {
        mobileId.innerHTML="手机号码不正确，请重新输入";
        return false;
    }
    mobileId.innerHTML="";
    return true;
}
/*生日验证*/
function checkBirth()
{
    var birth=$("birth");
    var birthId=divId("birth_prompt");
    var reg=/^((19\d{2})|(200\d))-(0?[1-9]|1[0-2])-(0?[1-9]|[1-2]\d|3[0-1])$/;
    if(reg.test(birth)==false)
    {
        birthId.innerHTML="生日格式不正确，例如 1980-5-12 或 1988-05-04";
        return false;
    }
    birthId.innerHTML="";
```

```
        return true;
    }
</script>

<body>
<table class="main" border="0" cellspacing="0" cellpadding="0">
   <tr>
       <td><img src="images/logo.jpg" alt="logo" /><img src="images/banner.jpg" alt="banner" /></td>
   </tr>
   <tr>
       <td class="hr_1">新用户注册</td>
   </tr>
   <tr>
       <td style="height:10px;"></td>
   </tr>
<form action="" method="post" name="myform">
   <tr>
       <td><table width="100%" border="0" cellspacing="0" cellpadding="0">
         <tr>
            <td class="left">用户名：</td>
            <td class="center"><input id="user" type="text" class="in" onblur="checkUser()" /></td>
            <td><div id="user_prompt">用户名由英文字母和数字组成的 4-16 位字符，以字母开头</div></td>
         </tr>
         <tr>
            <td class="left">密码：</td>
            <td class="center"><input id="pwd" type="password" class="in"  onblur="checkPwd()"/></td>
            <td><div id="pwd_prompt">密码由英文字母和数字组成的 4-10 位字符</div></td>
         </tr>
         <tr>
            <td class="left">确认密码：</td>
            <td class="center"><input id="repwd" type="password" class="in" onblur="checkRepwd()"/></td>
            <td><div id="repwd_prompt"></div></td>
         </tr>
          <tr>
            <td class="left">电子邮箱：</td>
            <td class="center"><input id="email" type="text" class="in"   onblur="checkEmail()"/></td>
            <td><div id="email_prompt"></div></td>
         </tr>
```

```
            <tr>
              <td class="left">手机号码：</td>
              <td class="center"><input id="mobile" type="text" class="in" onblur="checkMobile()" /></td>
              <td><div id="mobile_prompt"></div></td>
            </tr>
            <tr>
              <td class="left">生日：</td>
              <td class="center"><input id="birth" type="text" class="in"    onblur="checkBirth()"/></td>
              <td><div id="birth_prompt"></div></td>
            </tr>
            <tr>
              <td class="left"> </td>
              <td class="center"><input name="" type="image" src="images/register.jpg" /></td>
              <td> </td>
            </tr>
          </table>
        </td>
      </tr>
    </form>
  </table>
 </body>
```

上述代码运行后的页面效果如图 7-7 所示。

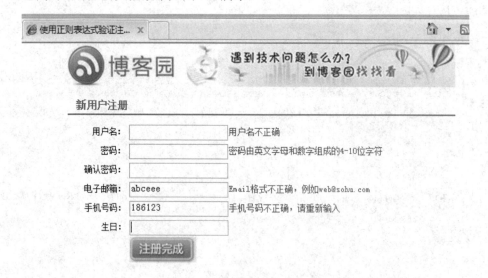

图 7-7

上 机 7

总目标

(1) 掌握表单验证的概念。
(2) 掌握表单的操作。
(3) 熟练掌握表单元素的操作。
(4) 熟练掌握表单验证的操作。

阶段一

上机目的：勾选"同意本网站条款"复选框后，对提交按钮进行禁用或者启用操作。效果图如图7-8所示。

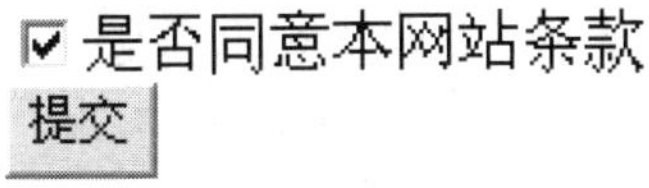

图7-8

上机要求：

(1) 新建HTML页面，根据示例图制作静态页面；
(2) 复选框默认为未选中状态，按钮默认为禁用状态；
(3) 为复选框绑定点击事件，勾选复选框后启用提交按钮；
(4) 取消复选框勾选后禁用提交按钮；
(5) 运行并测试页面效果。

阶段二

上机目的：制作省市级联下拉菜单。模拟一小部分省市数据进行效果的制作，比如在省份下拉框中添加两个省份信息，在页面中用数组保存这两个省份对应的城市信息，动态将城市信息添加到下拉框中。效果如图7-9所示。

图7-9

上机要求：

(1) 制作静态页面，在页面中添加两个下拉框，同时往第一个下拉框中添加两个省份信息；

(2) 给省份下拉框绑定 onchange 事件，在省份下拉框中选项改变的时候，先清空城市下拉框选项的内容，然后从数组中动态添加内容到城市下拉选项中；
(3) 在清空下拉选项时需要保留第一项"请选择"；
(4) 如果省份下拉框选择的是第一项"请选择"，则城市下拉框中也只有一项"请选择"；
(5) 保存并测试页面。

阶段三

上机目的：在表单中添加一个字段用于输入电子邮件，对该表单进行表单验证。

上机要求：
(1) 新建页面，在页面中添加表单，在表单中添加一个文本框用于输入电子邮件；
(2) 在表单中添加提交按钮用于提交表单；
(3) 为表单绑定 onsubmit 事件用于表单验证；
(4) 在验证方法中，通过操作字符串的形式逐步验证用户填写的电子邮件是否符合相应格式，例如是否包含@符号等；
(5) 验证不通过则给出相应提示，并阻止表单提交，验证通过后提交表单；
(6) 保存页面并测试。

阶段四

上机目的：在表单中添加一个字段用于输入用户年龄，通过正则表达式对年龄进行验证，年龄必须在 0～120 之间。

上机要求：
(1) 新建页面，在页面中添加表单，在表单中添加一个文本框用于输入年龄；
(2) 在表单中添加提交按钮用于提交表单；
(3) 为表单绑定 onsubmit 事件用于表单验证；
(4) 在验证方法中，设计符合年龄要求的正则表达式。
(5) 保存页面并测试。

作 业 7

一、选择题

1. 下列标签中，_____不属于表单元素。
A、select
B、textarea
C、input
D、img

2. 下列_____属性用于改变表单的提交路径。
A、action

B、target

C、method

D、enctype

3. 若要在 JavaScript 中通过代码提交表单，则调用下面_____方法。

A、submit

B、reset()

C、onsubmit

D、submit()

4. 想要获得页面中第一个表单的第一个表单元素，下列写法正确的是_____。

A、document.forms[0]

B、document.forms["form1"]

C、document.forms[0].elements[0]

D、document.forms[0].elements["elm1"]

5. 在 JavaScript 中，单选下拉框对象的 type 属性值为_____。

A、select

B、select-one

C、select-multiple

D、select-single

6. 想要禁用表单控件，需要修改其_____属性。

A、readOnly

B、disabled

C、display

D、checked

7. 要让文本框的内容被选中，需要调用文本框对象的_____方法。

A、select()

B、focus()

C、blur()

D、check()

8. 通过下拉框对象的_____属性可以获得下拉框选项的数量。

A、size

B、length

C、value

D、selectedIndex

9. 表单验证的优点有：_____。

A、减轻服务器负担

B、保证数据的规范性

C、提高客户端程序运行效率

D、客户端表单验证方便用户操作，减少用户等待时间

10. 假设现在有一下拉框对象 sel，想要获得下拉框选中项的文本，下列语句中正确的

是_____。

A、sel.options

B、sel.options[0]

C、sel.options[sel.selectedIndex].value

D、sel.options[sel.selectedIndex].text

二、简答题

(1) 简述为什么需要表单验证。

(2) 简述表单控件的 readOnly 和 disabled 属性的作用有什么异同。

(3) 通过表单对象的哪个属性可以获得表单中所有的表单元素对象。

(4) 如何获得下拉框选中项的下标、文本和值。

三、代码题

根据示例图，完成学生选择操作功能。在页面中添加两个下拉框，并通过 size 属性改变其外观样式，第一个下拉框用于显示待选学生列表，第二个下拉框用于显示选择后的学生列表。学生信息可以在这两个下拉框中来回切换选择。效果图如图 7-10 所示。

图 7-10

第 8 章　JavaScript 综合应用实例

8.1　概　　述

掌握 HTML、CSS 与 JavaScript 的综合使用，并掌握 DIV+CSS 的布局技巧。

8.2　完成新用户注册页面

需求说明：
(1) 验证用户输入内容的有效性。
(2) 文本框获得焦点时，提示文本框中应该输入的内容。
(3) 文本框失去焦点时，验证文本框中的内容，并提示错误信息。
本实例运行后的页面效果如图 8-1 所示。

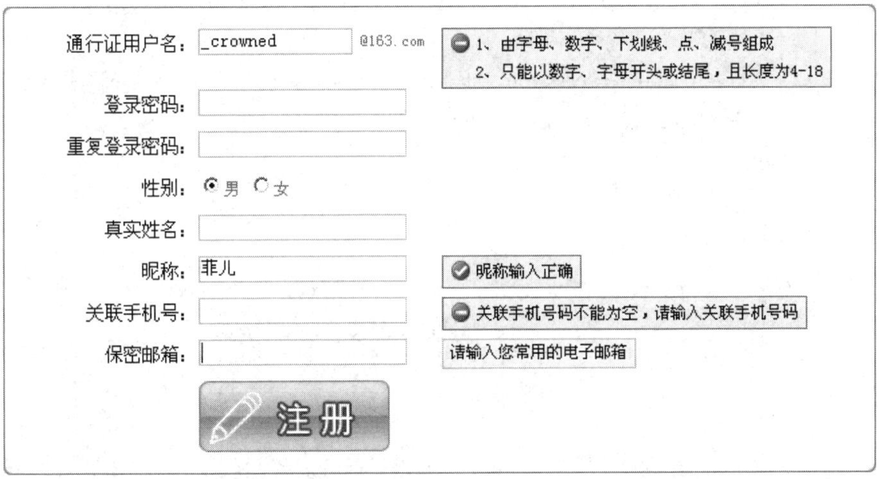

图 8-1

页面 HTML 的内容如下：

```
<div id="header"><img src="images/register_logo.gif" alt="logo"/></div>
<div id="main">
 <table width="100%" border="0" cellspacing="0" cellpadding="0">
  <tr>
   <td class="bg bg_top_left"></td>
   <td class="bg bg_top"></td>
   <td class="bg bg_top_right"></td>
```

```html
</tr>
<tr>
  <td class="bg_left"></td>
  <td class="content">
    <form action="" method="post" name="myform" onsubmit="return checkForm()">
      <dl>
        <dt>通行证用户名：</dt>
        <dd><input type="text" id="userName" class="inputs userWidth" onfocus="userNameFocus()" onblur="userNameBlur()" /> @163.com</dd>
        <div id="userNameId"></div>
      </dl>
      <dl>
        <dt>登录密码：</dt>
        <dd><input type="password" id="pwd" class="inputs" onfocus="pwdFocus()" onblur="pwdBlur()"/></dd>
        <div id="pwdId"></div>
      </dl>
      <dl>
        <dt>重复登录密码：</dt>
        <dd><input type="password" id="repwd" class="inputs" onblur="repwdBlur()"/></dd>
        <div id="repwdId"></div>
      </dl>
      <dl>
        <dt>性别：</dt>
        <dd><input name="sex" type="radio" value="" checked="checked"/>男<input name="sex" type="radio" value="" />女 </dd>
      </dl>
      <dl>
        <dt>真实姓名：</dt>
        <dd><input type="text" id="realName" class="inputs" /></dd>
      </dl>
      <dl>
        <dt>昵称：</dt>
        <dd><input type="text" id="nickName" class="inputs" onfocus="nickNameFocus()" onblur="nickNameBlur()"/></dd>
        <div id="nickNameId"></div>
      </dl>
      <dl>
        <dt>关联手机号：</dt>
```

```
                <dd><input type="text" id="tel" class="inputs"   onfocus="telFocus()" onblur
                            ="telBlur()" /></dd>
                <div id="telId"></div>
            </dl>
            <dl>
                <dt>保密邮箱：</dt>
                <dd><input type="text" id="email" class="inputs" onfocus="emailFocus()" onblur
                            ="emailBlur()" /></dd>
                <div id="emailId"></div>
            </dl>
            <dl>
                <dt></dt>
                <dd><input name=" " type="image" src="images/button.gif"/></dd>
            </dl>
        </form>
    </td>
    <td class="bg_right"></td>
  </tr>
  <tr>
    <td class="bg bg_end_left"></td>
    <td class="bg_end"></td>
    <td class="bg bg_end_right"></td>
  </tr>
</table>

</div>
```

页面 CSS 内容如下：

```
body,dl,dt,dd,div,form {padding:0;margin:0;}

#header,#main
{
    width:650px;
    margin:0 auto;
}
.bg{
    background-image:url(../images/register_bg.gif);
    background-repeat:no-repeat;
    width:6px;
```

```css
        height:6px;
}
.bg_top_left{
    background-position:0px 0px;
}
.bg_top_right{
    background-position:0px -6px;
}
.bg_end_left{
    background-position:0px -12px;
}
.bg_end_right{
    background-position:0px -18px;
}
.bg_top{
    border-top:solid 1px #666666;
}
.bg_end{
    border-bottom:solid 1px #666666;
}
.bg_left{
    border-left:solid 1px #666666;
}
.bg_right{
    border-right:solid 1px #666666;
}

.content{
    padding:10px;
}
.inputs{
    border:solid 1px #a4c8e0;
    width:150px;
    height:15px;
}

.userWidth{
    width:110px;
}
```

```css
.content div{
    float:left;
    font-size:12px;
    color:#000;
}
dl{
    clear:both;
}
dt,dd{
    float:left;
}
dt{
    width:130px;
    text-align:right;
    font-size:14px;
    height:30px;
    line-height:25px;
}
dd{
    font-size:12px;
    color:#666666;
    width:180px;
}
/*当鼠标放到文本框时，提示文本的样式*/
.import_prompt{
    border:solid 1px #ffcd00;
    background-color:#ffffda;
    padding-left:5px;
    padding-right:5px;
    line-height:20px;
}
/*当文本框内容不符合要求时，提示文本的样式*/
.error_prompt{
    border:solid 1px #ff3300;
    background-color:#fff2e5;
    background-image:url(../images/li_err.gif);
    background-repeat:no-repeat;
    background-position:5px 2px;
    padding:2px 5px 0px 25px;
```

```css
        line-height:20px;
}
/*当文本框内容输入正确时，提示文本的样式*/
.ok_prompt{
        border:solid 1px #01be00;
        background-color:#e6fee4;
        background-image:url(../images/li_ok.gif);
        background-repeat:no-repeat;
        background-position:5px 2px;
        padding:2px 5px 0px 25px;
        line-height:20px;
}
```

页面 JavaScript 代码如下：

```javascript
/*通过 ID 获取 HTML 对象的通用方法，使用$代替函数名称*/
function $(elementId){
    return document.getElementById(elementId);
}

/*当鼠标放在通行证用户名文本框时，提示文本及样式*/
function userNameFocus(){
    var userNameId=$("userNameId");
    userNameId.className="import_prompt";
    userNameId.innerHTML="1、由字母、数字、下划线、点、减号组成<br/>2、只能以数字、字母开头或结尾，且长度为 4-18";
}

/*当鼠标离开通行证用户名文本框时，提示文本及样式*/
function userNameBlur()
{
    var userName=$("userName");
    var userNameId=$("userNameId");
    var reg=/^[0-9a-zA-Z][0-9a-zA-Z_.-]{2,16}[0-9a-zA-Z]$/;
    if(userName.value=="")
    {
        userNameId.className="error_prompt";
        userNameId.innerHTML="通行证用户名不能为空，请输入通行证用户名";
        return false;
    }
```

```
            if(reg.test(userName.value)==false){
                userNameId.className="error_prompt";
                userNameId.innerHTML="1、由字母、数字、下划线、点、减号组成<br/>2、只能以数字、字母开头或结尾,且长度为 4-18";
                return false;
            }
            userNameId.className="ok_prompt";
            userNameId.innerHTML="通行证用户名输入正确";
            return true;
        }

/*当鼠标放在密码文本框时,提示文本及样式*/
function pwdFocus()
{
    var pwdId=$("pwdId");
    pwdId.className="import_prompt";
    pwdId.innerHTML="密码长度为 6-16";
}

/*当鼠标离开密码文本框时,提示文本及样式*/
function pwdBlur(){
    var pwd=$("pwd");
    var pwdId=$("pwdId");
    if(pwd.value=="")
    {
        pwdId.className="error_prompt";
        pwdId.innerHTML="密码不能为空,请输入密码";
        return false;
    }
    if(pwd.value.length<6 || pwd.value.length>16)
    {
        pwdId.className="error_prompt";
        pwdId.innerHTML="密码长度为 6-16";
        return false;
    }
    pwdId.className="ok_prompt";
    pwdId.innerHTML="密码输入正确";
    return true;
}
```

```javascript
/*当鼠标离开重复密码文本框时，提示文本及样式*/
function repwdBlur()
{
    var repwd=$("repwd");
    var pwd=$("pwd");
    var repwdId=$("repwdId");
    if(repwd.value=="")
    {
        repwdId.className="error_prompt";
        repwdId.innerHTML="重复密码不能为空，请重复输入密码";
        return false;
    }
    if(repwd.value!=pwd.value)
    {
        repwdId.className="error_prompt";
        repwdId.innerHTML="两次输入的密码不一致，请重新输入";
        return false;
    }
    repwdId.className="ok_prompt";
    repwdId.innerHTML="两次密码输入正确";
    return true;
}

/*当鼠标放在昵称文本框时，提示文本及样式*/
function nickNameFocus()
{
    var nickNameId=$("nickNameId");
    nickNameId.className="import_prompt";
    nickNameId.innerHTML="1、包含汉字、字母、数字、下划线以及@!#$%&*特殊字符<br/>2、长度为4－20个字符<br/>3、一个汉字占两个字符";
}

/*当鼠标离开昵称文本框时，提示文本及样式*/
function nickNameBlur()
{
    var nickName=$("nickName");
    var nickNameId=$("nickNameId");
    var k=0;
```

```javascript
    var reg=/^([\u4e00-\u9fa5]|\w|[@!#$%&*])+$/;        // 匹配昵称
    var chinaReg=/[\u4e00-\u9fa5]/g;        //匹配中文字符
    if(nickName.value=="")
    {
        nickNameId.className="error_prompt";
        nickNameId.innerHTML="昵称不能为空，请输入昵称";
        return false;
    }
    if(reg.test(nickName.value)==false)
    {
        nickNameId.className="error_prompt";
        nickNameId.innerHTML="只能由汉字、字母、数字、下划线以及@!#$%&*特殊字符组成";
        return false;
    }

    var len=nickName.value.replace(chinaReg,"ab").length;   //把中文字符转换为两个字母，以计算字符长度
    if(len<4||len>20)
    {
        nickNameId.className="error_prompt";
        nickNameId.innerHTML="1、长度为 4－20 个字符<br/>2、一个汉字占两个字符";
        return false;
    }
    nickNameId.className="ok_prompt";
    nickNameId.innerHTML="昵称输入正确";
    return true;
}

/*当鼠标放在关联手机号文本框时，提示文本及样式*/
function telFocus()
{
    var telId=$("telId");
    telId.className="import_prompt";
    telId.innerHTML="1、手机号码以 13，15，18 开头<br/>2、手机号码由 11 位数字组成";
}

/*当鼠标离开关联手机号文本框时，提示文本及样式*/
function telBlur()
{
```

```
        var tel=$("tel");
        var telId=$("telId");
        var reg=/^(13|15|18)\d{9}$/;
        if(tel.value==""){
            telId.className="error_prompt";
            telId.innerHTML="关联手机号码不能为空,请输入关联手机号码";
            return false;
        }
        if(reg.test(tel.value)==false){
            telId.className="error_prompt";
            telId.innerHTML="关联手机号码输入不正确,请重新输入";
            return false;
        }
        telId.className="ok_prompt";
        telId.innerHTML="关联手机号码输入正确";
        return true;
    }

    /*当鼠标放在保密邮箱文本框时,提示文本及样式*/
    function emailFocus(){
        var emailId=$("emailId");
        emailId.className="import_prompt";
        emailId.innerHTML="请输入您常用的电子邮箱";
    }

    /*当鼠标离开保密邮箱文本框时,提示文本及样式*/
    function emailBlur(){
        var email=$("email");
        var emailId=$("emailId");
        var reg=/^\w+@\w+(\.[a-zA-Z]{2,3}){1,2}$/;
        if(email.value==""){
            emailId.className="error_prompt";
            emailId.innerHTML="保密邮箱不能为空,请输入保密邮箱";
            return false;
        }
        if(reg.test(email.value)==false)
        {
            emailId.className="error_prompt";
            emailId.innerHTML="保密邮箱格式不正确,请重新输入";
```

```
        return false;
    }
    emailId.className="ok_prompt";
    emailId.innerHTML="保密邮箱输入正确";
    return true;
}

/*表单提交时验证表单内容输入的有效性*/
function checkForm()
{
    var flagUserName=userNameBlur();
    var flagPwd=pwdBlur();
    var flagRepwd=repwdBlur();
    var flagNickName=nickNameBlur();
    var flagTel=telBlur();
    var flagEmail=emailBlur();

    userNameBlur();
    pwdBlur();
    repwdBlur();
    nickNameBlur();
    telBlur();
    emailBlur();

    if(flagUserName==true &&flagPwd==true &&flagRepwd==true &&flagNickName
            ==true&&flagTel==true&flagEmail==true)
    {
        return true;
    }
    else{
        return false;
    }
}
```

8.3 实现商品金额自动计算功能

需求说明：

(1) 根据商品的数量和单价计算每行商品的小计。

(2) 根据商品数量、单价和积分，计算商品总价和积分。

本实例运行后的页面效果如图 8-2 所示。

图 8-2

页面 HTML 的内容如下：

```
<div id="content">
<table width="100%" border="0" cellspacing="0" cellpadding="0" id="shopping">
<form action="" method="post" name="myform">
 <tr>
   <td class="title_1"><input id="allCheckBox" type="checkbox" value="" onclick="selectAll()" />全选</td>
   <td class="title_2" colspan="2">店铺宝贝</td>
   <td class="title_3">获积分</td>
   <td class="title_4">单价(元)</td>
   <td class="title_5">数量</td>
   <td class="title_6">小计(元)</td>
   <td class="title_7">操作</td>
 </tr>
 <tr>
   <td colspan="8" class="line"></td>
 </tr>
```

```
<tr>
    <td colspan="8" class="shopInfo">店铺：<a href="#">纤巧百媚时尚鞋坊</a>   卖家：<a href="#">纤巧百媚</a> <img src="images/taobao_relation.jpg" alt="relation" /></td>
</tr>
<tr id="product1">
    <td class="cart_td_1"><input name="cartCheckBox" type="checkbox" value="product1" onclick="selectSingle()" /></td>
    <td class="cart_td_2"><img src="images/taobao_cart_01.jpg" alt="shopping"/></td>
    <td class="cart_td_3"><a href="#">日韩流行风时尚美眉最爱独特米字拼图金属坡跟公主靴子黑色</a><br />
        颜色：棕色 尺码：37<br />
        保障：<img src="images/taobao_icon_01.jpg" alt="icon" /></td>
    <td class="cart_td_4">5</td>
    <td class="cart_td_5">138.00</td>
    <td class="cart_td_6"><img src="images/taobao_minus.jpg" alt="minus" onclick
        ="changeNum('num_1', 'minus')" class="hand"/> <input id="num_1" type="text" value
        ="1" class="num_input" readonly="readonly"/><img src="images/taobao_adding.jpg" alt
        ="add" onclick="changeNum('num_1', 'add')" class="hand"/></td>
    <td class="cart_td_7"></td>
    <td class="cart_td_8"><a href="javascript:deleteRow('product1');">删除</a></td>
</tr>

<tr>
    <td colspan="8" class="shopInfo">店铺：<a href="#">香港我的美丽日记</a>   卖家：<a href="#">lokemick2009</a> <img src="images/taobao_relation.jpg" alt="relation" /></td>
</tr>
<tr id="product2">
    <td class="cart_td_1"><input name="cartCheckBox" type="checkbox" value="product2" onclick="selectSingle()" /></td>
    <td class="cart_td_2"><img src="images/taobao_cart_02.jpg" alt="shopping"/></td>
    <td class="cart_td_3"><a href="#">chanel/香奈尔/香奈尔炫亮魅力唇膏 3.5g</a><br />
        保障：<img src="images/taobao_icon_01.jpg" alt="icon" /> <img src
            ="images/taobao_icon_02.jpg" alt="icon" /></td>
    <td class="cart_td_4">12</td>
    <td class="cart_td_5">265.00</td>
    <td class="cart_td_6"><img src="images/taobao_minus.jpg" alt="minus" onclick
        ="changeNum('num_2', 'minus')" class="hand"/> <input id="num_2" type="text" value
        ="1" class="num_input" readonly="readonly"/><img src="images/taobao_adding.jpg" alt
```

="add" onclick="changeNum('num_2', 'add')"   class="hand"/></td>
    <td class="cart_td_7"></td>
    <td class="cart_td_8"><a href="javascript:deleteRow('product2');">删除</a></td>
</tr>

<tr>
    <td colspan="8" class="shopInfo">店铺：<a href="#">实体经营</a>   卖家：<a href="#">林颜店铺</a> <img src="images/taobao_relation.jpg" alt="relation" /></td>
</tr>
<tr id="product3">
    <td class="cart_td_1"><input name="cartCheckBox" type="checkbox" value="product3" onclick="selectSingle()"/></td>
    <td class="cart_td_2"><img src="images/taobao_cart_03.jpg" alt="shopping"/></td>
    <td class="cart_td_3"><a href="#">蝶妆海皙蓝清滢粉底液 10#(象牙白)</a>
        保障：<img src="images/taobao_icon_01.jpg" alt="icon" />
            <img src="images/taobao_icon_02.jpg" alt="icon" /></td>
    <td class="cart_td_4">3</td>
    <td class="cart_td_5">85.00</td>
    <td class="cart_td_6"><img src="images/taobao_minus.jpg" alt="minus" onclick ="changeNum('num_3', 'minus')" class="hand"/> <input id="num_3" type="text" value ="1" class="num_input" readonly="readonly"/><img src="images/taobao_adding.jpg" alt ="add" onclick="changeNum('num_3', 'add')"   class="hand"/></td>
    <td class="cart_td_7"></td>
    <td class="cart_td_8"><a href="javascript:deleteRow('product3');">删除</a></td>
</tr>

<tr>
    <td colspan="8" class="shopInfo">店铺：<a href="#">红豆豆的小屋</a>   卖家：<a href="#">taobao 豆豆</a> <img src="images/taobao_relation.jpg" alt="relation" /></td>
</tr>
<tr id="product4">
    <td class="cart_td_1"><input name="cartCheckBox" type="checkbox" value="product4" onclick="selectSingle()" /></td>
    <td class="cart_td_2"><img src="images/taobao_cart_04.jpg" alt="shopping"/></td>
    <td class="cart_td_3"><a href="#">相宜促销专供大 S 推荐最好用的 LilyBell 化妆棉</a>
        保障：<img src="images/taobao_icon_01.jpg" alt="icon" /></td>
    <td class="cart_td_4">12</td>
    <td class="cart_td_5">12.00</td>

```html
                <td class="cart_td_6"><img src="images/taobao_minus.jpg" alt="minus" onclick
                    ="changeNum('num_4', 'minus')" class="hand"/><input id="num_4" type="text"    value
                    ="2" class="num_input" readonly="readonly"/><img src="images/taobao_adding.jpg" alt
                    ="add" onclick="changeNum('num_4', 'add')"    class="hand"/></td>
                <td class="cart_td_7"></td>
                <td class="cart_td_8"><a href="javascript:deleteRow('product4');">删除</a></td>
            </tr>

            <tr>
            <td colspan="3"><a href="javascript:deleteSelectRow()"><img src="images/taobao_del.jpg" alt
                    ="delete"/></a></td>
            <td colspan="5" class="shopend">商品总价(不含运费)：<label id="total" class
                    ="yellow"></label> 元<br />
            可获积分 <label class="yellow" id="integral"></label> 点<br />
            <input name=" " type="image" src="images/taobao_subtn.jpg" /></td>
            </tr>
            </form>
        </table>

    </div>
```

页面 CSS 内容如下：

```css
body{
    margin:0px;
    padding:0px;
    font-size:12px;
    line-height:20px;
    color:#333;
    }
ul,li,ol,h1,dl,dd{
    list-style:none;
    margin:0px;
    padding:0px;
    }
a{
    color:#1965b3;
    text-decoration: none;
    }
```

```css
a:hover{
   color:#CD590C;
   text-decoration:underline;
   }
img{
   border:0px;
   vertical-align:middle;
   }
#header{
   height:40px;
   margin:10px auto 10px auto;
   width:800px;
   clear:both;
   }
#nav{
   margin:10px auto 10px auto;
   width:800px;
   clear:both;
   }
#navlist{
   width:800px;
   margin:0px auto 0px auto;
   height:23px;
   }
   #navlist li{
        float:left;
        height:23px;
        line-height:26px;
   }
   .navlist_red_left{
        background-image:url(../images/taobao_bg.png);
        background-repeat:no-repeat;
        background-position:-12px -92px;
        width:3px;
        }
   .navlist_red{
        background-color:#ff6600;
        text-align:center;
```

```css
            font-size:14px;
            font-weight:bold;
            color:#FFF;
            width:130px;
        }
    .navlist_red_arrow{
        background-color:#ff6600;
        background-image:url(../images/taobao_bg.png);
        background-repeat:no-repeat;
        background-position:0px 0px;
        width:13px;
        }
    .navlist_gray{
        background-color:#e4e4e4;
        text-align:center;
        font-size:14px;
        font-weight:bold;
        width:150px;
        }
    .navlist_gray_arrow{
        background-color:#e4e4e4;
        background-image:url(../images/taobao_bg.png);
        background-repeat:no-repeat;
        background-position:0px 0px;
        width:13px;
        }
    .navlist_gray_right{
        background-image:url(../images/taobao_bg.png);
        background-repeat:no-repeat;
        background-position:-12px -138px;
        width:3px;
        }
#content{
    width:800px;
    margin:10px auto 5px auto;
    clear:both;
    }
    .title_1{
```

```css
            text-align:center;
            width:50px;
        }
        .title_2{
            text-align:center;
        }
        .title_3{
            text-align:center;
            width:80px;
        }
        .title_4{
            text-align:center;
            width:80px;
        }
        .title_5{
            text-align:center;
            width:100px;
        }
        .title_6{
            text-align:center;
            width:80px;
        }
        .title_7{
            text-align:center;
            width:60px;
        }
        .line{
            background-color:#a7cbff;
            height:3px;
        }
        .shopInfo{
            padding-left:10px;
            height:35px;
            vertical-align:bottom;
        }
        .num_input{
            border:solid 1px #666;
            width:25px;
```

```css
            height:15px;
            text-align:center;
        }
.cart_td_1,.cart_td_2,.cart_td_3,.cart_td_4,.cart_td_5,.cart_td_6,.cart_td_7,.cart_td_8{
            background-color:#e2f2ff;
            border-bottom:solid 1px #d1ecff;
            border-top:solid 1px #d1ecff;
            text-align:center;
            padding:5px;
        }
.cart_td_1,.cart_td_3,.cart_td_4,.cart_td_5,.cart_td_6,.cart_td_7{
            border-right:solid 1px #FFF;
        }
.cart_td_3{
            text-align:left;
        }
.cart_td_4{
            font-weight:bold;
        }
.cart_td_7{
            font-weight:bold;
            color:#fe6400;
            font-size:14px;
        }
.hand{
            cursor:pointer;
        }
.shopend{
    text-align:right;
    padding-right:10px;
    padding-bottom:10px;
    }
.yellow{
    font-weight:bold;
    color:#fe6400;
    font-size:18px;
    line-height:40px;
    }
```

页面 JavaScript 代码如下：

```javascript
/*自动计算商品的总金额、总共节省的金额和积分*/
function productCount(){
    var total=0;            //商品金额总计
    var integral=0;         //可获商品积分

    var point;              //每一行商品的单品积分
    var price;              //每一行商品的单价
    var number;             //每一行商品的数量
    var subtotal;           //每一行商品的小计

    /*访问 ID 为 shopping 表格中所有的行数*/
    var myTableTr=document.getElementById("shopping").getElementsByTagName("tr");
    if(myTableTr.length>0){
    for(var i=1;i<myTableTr.length;i++){/*从 1 开始，第一行的标题不计算*/
        if(myTableTr[i].getElementsByTagName("td").length>2){ //最后一行不计算
            point=myTableTr[i].getElementsByTagName("td")[3].innerHTML;
            price=myTableTr[i].getElementsByTagName("td")[4].innerHTML;
number=myTableTr[i].getElementsByTagName("td")[5].getElementsByTagName("input")[0].value;
            integral+=point*number;
            total+=price*number;
            myTableTr[i].getElementsByTagName("td")[6].innerHTML=price*number;
        }
    }
    document.getElementById("total").innerHTML=total;
    document.getElementById("integral").innerHTML=integral;

    }
}
window.onload=productCount;
```

8.4 实现商品数量增加和减少功能

需求说明：

（1）单击商品数量文本框前的增加数量图标或减少数量图标，商品数量增加一个或减少一个，但是不能减少为 0。

(2) 商品数量增加或减少时，商品小计以及商品总计、积分随之变化。

本实例运行后的页面效果同图 8-2 所示。

页面 HTML 和 CSS 的内容同上例。

页面 JavaScript 代码如下：

```javascript
/*改变所购商品的数量*/
function changeNum(numId,flag){/*numId 表示对应商品数量的文本框 ID，flag 表示是增加还是减少商品数量*/
    var numId=document.getElementById(numId);
    if(flag=="minus"){/*减少商品数量*/
        if(numId.value<=1){
            alert("宝贝数量必须是大于 0");
            return false;
        }
        else{
            numId.value=parseInt(numId.value)-1;
            productCount();
        }
    }
    else{/*flag 为 add，增加商品数量*/
        numId.value=parseInt(numId.value)+1;
        productCount();
    }
}
```

8.5 实现删除商品功能

需求说明：

(1) 单击"删除所选"按钮可以删除选中的商品。

(2) 单击每个商品后面的"删除"超链接可以删除对应的商品。

(3) 删除商品后，商品总计和积分也同时改变。

本实例的运行后的页面效果同图 8-2 所示。

页面 HTML 和 CSS 的内容同上例。

页面 JavaScript 代码如下：

```javascript
/*删除单行商品*/
function deleteRow(rowId){
    var Index=document.getElementById(rowId).rowIndex; //获取当前行的索引号
    document.getElementById("shopping").deleteRow(Index);
```

```
        document.getElementById("shopping").deleteRow(Index-1);
        productCount();
}

/*删除选中行的商品*/
function deleteSelectRow(){
    var oInput=document.getElementsByName("cartCheckBox");
    var Index;
    for (var i=oInput.length-1;i>=0;i--){
        if(oInput[i].checked==true){
            Index=document.getElementById(oInput[i].value).rowIndex; /*获取选中行的索引号*/
            document.getElementById("shopping").deleteRow(Index);
            document.getElementById("shopping").deleteRow(Index-1);
        }
    }
    productCount();
}
```